DU MÊME AUTEUR

*Ouvrages conformes aux programmes du 31 mai 1902*

(Volumes de 18/12<sup>me</sup>, cartonnés toile) :

**Arithmétique élémentaire** : classes de 6<sup>e</sup> et 5<sup>e</sup> A et B.  . 2 fr.  »

**Éléments de Mathématiques** *(Classes littéraires)* :

Éléments d'Arithmétique : classe de 3<sup>e</sup> A. . . . 1 fr. 75
Éléments d'Algèbre : classes de 3<sup>e</sup> A et 1<sup>re</sup> A et B. 1 fr. 75
Éléments de Géométrie : classes de 4<sup>e</sup> et 3<sup>e</sup> A. . 1 fr. 50
— — classes de 2<sup>e</sup> et 1<sup>re</sup> A et B. 1 fr. 25
Les deux parties réunies en un seul volume.. . . 2 fr. 25

**Cours de Mathématiques** *(Classes scientifiques)* :

**Arithmétique** : classe de 4<sup>e</sup> B. . . . . . 1 fr. 75
**Algèbre** : classes de 4<sup>e</sup> B à 1<sup>re</sup> C et D.. . . . 2 fr. 50
— classes de Mathématiques A et B. . . *(Sous presse.)*
**Géométrie** : classes de 5<sup>e</sup> à 3<sup>e</sup> B.. . . . . 2 fr. 25
— classes de 2<sup>e</sup> et 1<sup>re</sup> C et D.. . . . 1 fr. 25
Les deux parties réunies en un volume. . . . . 3 fr. »
**Trigonométrie** : classes de 2<sup>e</sup> et 1<sup>re</sup> C et D et Ma-
thématiques A et B. . . . . 2 fr. 25

# ARITHMÉTIQUE

## ÉLÉMENTAIRE

A L'USAGE DES

CLASSES DE SIXIÈME ET DE CINQUIÈME A ET B

(*Programme du 31 mai 1902*)

PAR

### A. GRÉVY

PROFESSEUR AU LYCÉE SAINT-LOUIS

DEUXIÈME ÉDITION

PARIS

LIBRAIRIE VUIBERT ET NONY

63, BOULEVARD SAINT-GERMAIN, 63

1904

# PROGRAMMES OFFICIELS

## DIVISION A

### CLASSE DE 6ᵉ A (2 *heures*)

Revision des opérations sur les nombres entiers.
Exercices de calcul mental. — Problèmes sur les nombres entiers.
Fractions ordinaires. — Réduction de plusieurs fractions au même dénominateur. — Opérations sur les fractions.
Nombres décimaux. — Opérations. — Exercices.

### CLASSE DE 5ᵉ A (2 *heures*)

Système métrique. — Longueurs, aires, volumes (¹), poids, densités, monnaies. — Temps, vitesses.
Exercices simples de changements d'unités.
Règle de trois par la méthode de réduction à l'unité.
Intérêt simple. — Escompte commercial. — Rentes. — Problèmes simples relatifs aux mélanges et aux alliages.
Emploi des lettres pour représenter les inconnues. — Problèmes simples conduisant à des équations du premier degré.

## DIVISION B

### CLASSE DE 6ᵉ B (3 *heures*)

Revision des opérations sur les nombres entiers. Exercices de calcul mental. Problèmes sur les nombres entiers.
Fractions ordinaires. — Réduction de plusieurs fractions au même dénominateur. Opérations sur les fractions. Nombres décimaux ; opérations. Exercices.
Système métrique. — Longueurs, aires, volumes, poids, densités, monnaies. — Temps, vitesses. — Énoncé de quelques règles relatives à l'évaluation d'aires et de volumes simples. — Exercices ; exemples simples de changements d'unités, tirés du système métrique.
Règle de trois par la méthode de réduction à l'unité. — Intérêt simple. — Escompte commercial. Rentes. Problèmes simples relatifs aux alliages et aux mélanges.

### CLASSE DE 5ᵉ B (3 *heures*)

*Revision.* — Emploi des lettres pour représenter les inconnues. — Problèmes simples conduisant à des équations numériques du premier degré.

---

(1) On donnera, en particulier, la règle pour évaluer l'aire d'un rectangle et le volume d'un parallélépipède rectangle.

On pourra dans une première lecture, omettre les passages imprimés en petits caractères.

# ARITHMÉTIQUE
## ÉLÉMENTAIRE

---

## INTRODUCTION

—

### COLLECTIONS ET NOMBRES

**1.** Les objets que nous avons sous les yeux ne sont jamais identiques, mais ils peuvent se ressembler par quelque côté : des pommes ne sont pas toutes de la même couleur, elles n'ont pas la même grosseur, le même goût ; ce sont néanmoins toujours des pommes ; les poires se distinguent nettement des pommes ; mais les unes et les autres sont des fruits. Les chiens ne se ressemblent pas tous d'une façon absolue et peuvent être facilement distingués des chats, mais tous sont rangés dans la même catégorie, celle des animaux.

Toutes les fois que l'on a intérêt à s'attacher spécialement à un caractère particulier, on range dans une même catégorie tous les objets qui ont ce caractère et on dit qu'ils ont même nature ; ils peuvent alors former une *collection* ; tous les objets qui la constituent portent le même nom ; on parle d'une collection de fruits, bien qu'elle puisse contenir des fruits très variés, parce que tous ont les caractères qui distinguent les fruits des autres objets ; c'est dans ce sens qu'il faut entendre la définition suivante :

*Une collection est la réunion de plusieurs objets de même nature.*

**2.** Il ne suffit pas, pour connaître une collection, de déterminer la nature des objets qui la composent ; il faut encore savoir si elle en contient peu ou beaucoup ; c'est le *nombre* qui nous renseigne à cet égard : prenons un objet, puis un autre, et ainsi de suite ; si, à chaque opération, nous prononçons un mot particulier, ces mots caractériseront les collections formées successivement ; ce sont les nombres d'objets de chaque collection ; un objet isolé est appelé *unité*.

**3.** Il est manifeste que l'on ne peut ajouter indéfiniment un objet à ceux que l'on a déjà pris ; de sorte que pratiquement, le nombre est limité ; mais, cette limite dépend des circonstances dans lesquelles on est placé, et on peut *concevoir* d'autres circonstances permettant de continuer cette opération ; c'est à ce point de vue que l'on dit que la *suite des nombres croît sans limite*.

**4.** *Les nombres peuvent encore servir à mesurer des grandeurs* ; ce n'est pas le lieu de traiter cette question : il suffira de rappeler quelques exemples que l'on rencontre fréquemment.

Pour mesurer une ligne droite AB, on porte à partir de A une règle ou un ruban, que l'on appelle le *mètre* ; l'extrémité vient en A′ ; on porte le mètre en A′, la nouvelle extrémité vient en A″; si, en portant le mètre en A″, l'extrémité vient en B, on dit que AB a une longueur égale à trois mètres ; le nombre *trois* est la mesure de AB.

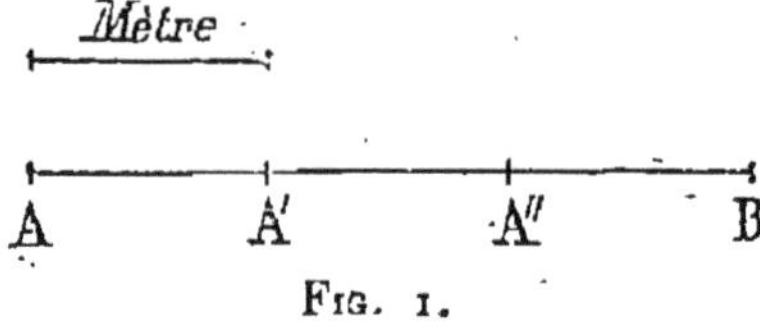


FIG. 1.

Pour mesurer l'*aire* d'un rectangle qui a trois mètres de longueur et deux mètres de largeur, on partage les côtés en mètres, et on mène des parallèles à ces côtés par les points de divisions ; on voit alors que le rectangle est constitué par la réunion de six carrés, qui ont tous un mètre de côté ; ces carrés

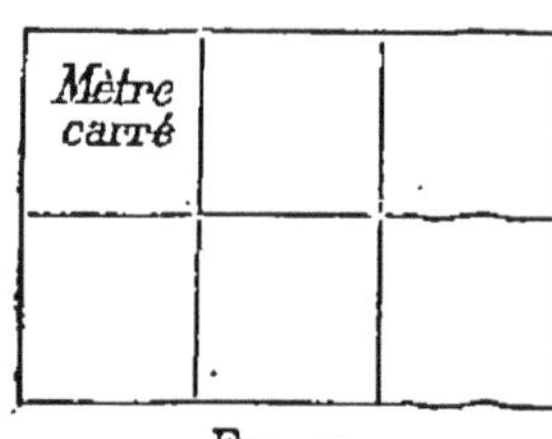


FIG. 2.

sont appelés des *mètres carrés*, et on dit que le rectangle a une aire de six mètres carrés ; *six* est le nombre qui mesure l'aire du rectangle.

Pour peser un corps, on le place dans un des plateaux d'une balance ; de l'autre côté, on place des poids : si on a mis deux poids de un kilogramme pour établir l'équilibre, on dit que le corps pèse *deux* kilogrammes.

La longueur, l'aire, le poids sont appelés des grandeurs ; le mètre, le mètre carré, le kilogramme, qui nous ont servi de termes de comparaison sont appelés les *unités* de longueur, d'aire, de poids.

**5.** *Le nombre peut encore indiquer le rang d'un objet dans une suite* : si on place sur une ligne des billes, on dit en les comptant : un, deux, trois, etc...; en s'arrêtant au nombre trois, on a constitué un groupe de trois billes ; mais, on peut aussi dire que *trois* est le numéro d'ordre de la dernière bille que l'on a considérée.

**6. L'arithmétique** *apprend à nommer, à écrire les nombres, et à les combiner au moyen de certaines opérations, qui remplacent celles que l'on peut faire avec les collections d'objets* ; la première partie est l'objet de la *numération* ; la seconde est l'objet du *calcul* ; enfin, quand on est en possession de la numération et du calcul, on peut étudier des combinaisons plus complexes auxquelles donnent naissance un grand nombre de questions usuelles ; on résout alors des *problèmes*.

# LIVRE I

# LES NOMBRES ENTIERS

## CHAPITRE PREMIER

### NUMÉRATION

### Numération parlée.

7. Nous avons vu que la suite des nombres pouvait croître sans limite ; on ne peut donc songer à créer des mots particuliers sans aucun lien entre eux pour désigner les différents nombres ; il y aurait trop de noms à retenir et il serait très difficile de se souvenir, à l'énoncé d'un nombre, s'il est grand ou petit ; on a alors imaginé un système de formation des noms de nombres qui permet avec très peu de mots de désigner toutes les collections que l'on rencontre dans la pratique, ces mots étant formés de telle façon que l'on puisse reconnaître immédiatement quelle est la place du nombre dans l'échelle de tous les nombres ; ce système constitue la numération parlée.

*La numération parlée est l'ensemble des conventions qui permettent de nommer les nombres.*

8. Pour comprendre le procédé que l'on a adopté, il suffit de se rappeler comment on fait pour ranger un grand

nombre d'objets : s'il s'agit de feuilles de papier, on fait des paquets de vingt-cinq feuilles ; chaque paquet est appelé une *main de papier* ; puis, on réunit vingt mains pour former une *rame* ; s'il s'agit d'autres objets, des boutons, par exemple, on forme d'abord une *douzaine*, puis une *grosse* en réunissant douze douzaines ; quand on parle d'une collection formée de trois rames, quatre mains, sept feuilles, ou d'une collection formée de deux grosses, cinq douzaines, on sait immédiatement quelle est la quantité d'objets renfermés par ces collections.

Nous devons observer que le second cas est plus simple que le premier, car les grosses sont formées avec les douzaines de la même manière que les douzaines sont formées avec les objets, ce qui n'a pas lieu pour les mains et les rames ; c'est le second cas qui va nous servir de modèle.

9. On forme d'abord des noms nouveaux : *un, deux, trois, quatre, cinq, six, sept, huit, neuf, dix,* pour les premiers nombres.

Prenons maintenant un tas de billes, et mettons dans un petit sac dix billes ; dans un autre petit sac, mettons encore dix billes prises dans celles qui restaient ; en continuant ainsi, supposons que l'on ait formé sept sacs et qu'il reste huit billes ; en désignant un sac par le mot dizaine, nous pourrons dire qu'il y a sept dizaines de billes et huit billes.

10. L'usage a établi quelques exceptions; au lieu de *deux dizaines, trois dizaines,* etc., on dit *vingt, trente, quarante, cinquante, soixante, soixante-dix, quatre-vingts, quatre-vingt-dix* (*).

En se servant de ces mots, le nombre trouvé plus haut s'énoncera *soixante-dix-huit.*

(*) Les mots *septante, octante, nonante,* employés dans la Suisse romande sont formés suivant la même loi que trente, quarante, etc., et correspondent à soixante-dix, quatre-vingts, quatre-vingt-dix.

**11.** Une autre exception établie par l'usage concerne les nombres compris entre dix et vingt : au lieu de dire *dix-un, dix-deux,* etc., on dit *onze, douze, treize, quatorze, quinze, seize* ; on dit également *soixante-et-onze, soixante-douze,* etc., pour *soixante-dix-et-un, soixante-dix-et-deux,* etc...

**12.** Nous n'avons appris à compter que des nombres formés de moins de dix dizaines ; pour aller plus loin, reprenons le tas de billes et supposons que l'on ait formé trente-cinq dizaines et qu'il reste six billes ; laissant de côté ces six billes, nous pouvons grouper les petits sacs dix par dix pour obtenir des grands sacs ; chacun d'eux sera une *centaine* ; ici, nous aurons trois grands sacs, cinq petits sacs et six billes ; le nombre des billes est *trois centaines, cinq dizaines et six,* ou, en ayant égard aux exceptions consacrées par l'usage, *trois cent cinquante-six.*

**13.** On voit aisément que si en procédant comme dans l'exemple précédent on est conduit à former plus de dix centaines, on pourra grouper ces centaines par dix, formant un nouveau groupe appelé *mille* ; le même procédé étant employé ainsi indéfiniment, on obtient ce que l'on appelle des *unités de différents ordres,* déduites les unes des autres, de façon que *toute unité d'un certain ordre est constituée par dix unités de l'ordre précédent* ; un seul mot nouveau est à créer quand on introduit une unité d'un nouvel ordre.

**14.** On a été plus loin, en réunissant ces différents ordres par trois, de sorte qu'un nouveau mot est nécessaire seulement pour désigner un groupe de trois unités ; chaque groupe ainsi formé est appelé *groupe ternaire,* ou *classe* ;

Le premier ordre du groupe est l'ordre des *unités* ;
Le second — — *dizaines* ;
Le troisième — — *centaines.*

**15.** Les groupes ternaires sont les *unités simples*, les *mille*, les *millions*, les *billions* ou *milliards*, les *trillions*; nous réunissons dans le tableau suivant les unités des divers ordres qui suffisent dans la pratique.

| | | |
|---|---|---|
| 1re classe. *unités simples.* | unités.. . . . . . . . . | 1er ordre. |
| | dizaines. . . . . . . . . | 2e — |
| | centaines.. . . . . . . . | 3e — |
| 2e classe. *mille.* | unités de mille. . . . . . . | 4e ordre. |
| | dizaines de mille. . . . . . | 5e — |
| | centaines de mille. . . . . . | 6e — |
| 3e classe. *millions.* | unités de millions. . . . . . | 7e ordre. |
| | dizaines de millions. . . . . | 8e — |
| | centaines de millions. . . . . | 9e — |
| 4e classe. *billions ou milliards..* | unités de billions ou milliards. . | 10e ordre. |
| | dizaines de billions ou milliards. . | 11e — |
| | centaines de billions ou milliards.. | 12e — |
| 5e classe. *trillions.* | unités de trillions. . . . . . | 13e ordre. |
| | dizaines de trillions. . . . . | 14e — |
| | centaines de trillions. . . . . | 15e — |

**16.** A l'aide des conventions précédentes, on peut nommer un nombre : il suffit d'exprimer combien il contient d'unités de différents ordres, en se rappelant que le *nombre d'unités d'un ordre est inférieur à dix*; si l'on a soin de nommer d'abord les unités d'ordre le plus élevé, on se rendra compte aisément de la position du nombre dans la su... de tous les nombres, en utilisant les deux remarques suivantes :

*Un nombre est d'autant plus grand qu'il commence par des unités d'un ordre plus élevé.*

*Si deux nombres commencent par des unités de même ordre, celui qui en contient le plus est le plus grand ; s'ils contiennent les mêmes nombres d'unités d'ordre le plus élevé, la comparaison des nombres d'unités d'ordres infé-*

*rieurs permettra de reconnaître quel est le plus grand des deux nombres.*

## Numération écrite.

**17.** Au lieu d'écrire les noms des nombres un, deux,... on les représente par des symboles particuliers appelés *chiffres* :

$$1 \quad 2 \quad 3 \quad 4 \quad 5 \quad 6 \quad 7 \quad 8 \quad 9$$

qui correspondent aux neuf premiers nombres.

Pour comprendre comment on peut, à l'aide de ces symboles (et du symbole 0) écrire tous les nombres, imaginons que nous nous servions de papier quadrillé sur lequel on a figuré des colonnes ; dans chaque colonne, on écrira le chiffre des unités d'un ordre déterminé, toujours le même ; il sera alors inutile d'écrire à côté du chiffre le nom des unités qu'il représente, puisque ce nom correspond à la colonne qui contient le chiffre.

Figurons, par exemple, quatre colonnes :

| 4ᵉ ordre | 3ᵉ ordre | 2ᵉ ordre | 1ᵉʳ ordre |
|---|---|---|---|
| Unités de mille | Centaines | Dizaines | Unités |
| 4 | 3 | 1 | 7 |
|  | 3 |  | 4 |

Les nombres quatre mille trois cent dix-sept et trois cent quatre s'écrivent comme ci-dessus, en écrivant pour le premier, 4 dans la première colonne, 3 dans la seconde, 1 dans la troisième, 7 dans la quatrième ; pour le second, 3 dans la seconde, 4 dans la dernière.

Si nous effaçons maintenant les colonnes, nous voyons, en lisant les chiffres du premier nombre, que l'on peut reconnaître à quelles colonnes ils appartenaient, puisque le rang du chiffre à partir de la droite est aussi l'ordre de l'unité qui figure dans la colonne correspondante; on est ainsi conduit à la convention suivante:

**18.** Pour écrire un nombre, *on place les chiffres des dif-*
*férentes unités du nombre à la suite les uns des autres,*
*chaque chiffre occupant le rang indiqué par l'ordre de*
*l'unité qu'il représente, en comptant les rangs à partir de*
*la droite.*

Ainsi, dans le premier nombre

$$4317,$$

3, qui représente des centaines, unités du troisième ordre, occupe le troisième rang.

**19.** Pour que l'on puisse appliquer cette règle, il faut que le nombre renferme des unités de tous les ordres à partir de l'ordre le plus élevé; sans quoi, si un ordre manque, il n'y aura pas de chiffre corespondant et tous les chiffres qui correspondent aux unités d'ordres supérieurs seront avancés d'un rang vers la droite. Ainsi, le deuxième nombre écrit dans les colonnes s'écrirait

$$34,$$

et 3, qui représente des centaines, occuperait le second rang; il n'y aurait pas correspondance entre le rang et l'ordre.

Pour éviter cet inconvénient, on a inventé un symbole particulier, o, que l'on prononce *zéro*, et que l'on met aux rangs qui correspondent aux ordres ne figurant pas dans le nombre; avec ce nouveau symbole, le nombre précédent s'écrit

$$304,$$

et 3 occupe bien le troisième rang.

**20.** **Règle pour énoncer un nombre écrit.** — *Si le*

nombre a trois chiffres au plus, on énonce successivement les chiffres en les faisant suivre du nom des unités qu'ils représentent.

Si le nombre a plus de trois chiffres, on le décompose en tranches de trois chiffres en commençant par la droite, la première tranche à gauche pouvant seule avoir moins de trois chiffres ; on lit successivement chaque nombre formé par une tranche, en le faisant suivre du nom de la classe correspondante : la première tranche à droite représentant des unités simples, la seconde, des mille, etc...

Le nombre 42 345 704 se lit quarante-deux millions trois cent quarante cinq mille sept cent quatre.

**21. Règle pour écrire un nombre énoncé.** — *Si le nombre ne contient que des unités simples, on écrit successivement les chiffres des centaines, dizaines, unités, en ayant soin de placer un zéro au rang des unités qui manquent.*

*Si le nombre a plus de trois chiffres, on écrit successivement les nombres d'unités de chaque classe, en commençant par la classe la plus élevée, pour finir par les unités simples, toute classe manquante étant remplacée par trois zéros.*

Le nombre trente-deux millions trois cent huit s'écrit

$$32\,000\,308.$$

**22.** On comprend aisément que l'on aurait pu grouper les unités d'un ordre douze par douze, quinze par quinze, pour former une unité de l'ordre supérieur ; on aurait ainsi un nouveau système de numération. On appelle *base* d'un système de numération le nombre d'unités d'un ordre nécessaire pour former une unité de l'ordre supérieur. Le système que l'on emploie a pour base *dix* ; il est appelé, pour cette raison, *système de numération décimale.*

## Chiffres romains.

**23.** Les règles données plus haut sont adoptées partout aujourd'hui; mais on a néanmoins conservé dans un certain nombre de cas les notations des Romains; les chiffres romains sont employés pour écrire certaines dates, pour marquer les pages d'un livre, etc...; nous allons passer rapidement en revue les règles qui président à l'écriture des nombres avec ces chiffres.

Les chiffres romains sont :

| I | V | X | L | C | D | M |
|---|---|---|---|---|---|---|
| 1 | 5 | 10 | 50 | 100 | 500 | 1 000 |

Trois règles suffisent pour former tous les nombres à l'aide de ces chiffres :

1° Plusieurs chiffres égaux placés à la suite les uns des autres représentent la somme de ces chiffres; ainsi, III représente trois, CC représente deux cents.

2° Un chiffre placé à droite d'un chiffre plus grand doit lui être ajouté; placé à gauche, il doit en être retranché; ainsi, XI représente onze; CCL représente deux cent cinquante; XL représente quarante.

3° Un nombre surmonté d'un trait représente des mille; surmonté de deux traits, il représente des millions; de trois traits, des billions, etc.

Il résulte de ces règles qu'on peut écrire un nombre de plusieurs manières différentes; ainsi, quatre peut être écrit IIII ou IV; on prendra toujours la notation qui comprend le moins de symboles, ou qui est formée des plus petits symboles, si deux notations en comportent le même nombre.

A l'aide des règles précédentes on pourra écrire :

453   CDLIII

1781   MDCCLXXXI

## QUESTIONS ET EXERCICES

**1.** Qu'appelle-t-on collection ?

**2.** On réunit des cerises, des fraises, des abricots ; forme-t-on une collection ? quel nom donnera-t-on à l'unité ?

**3.** Combien faut-il de centaines pour former un mille ?

**4.** Combien faut-il de dizaines pour former un million ?

**5.** Qu'est-ce qu'une classe d'unités ?

**6.** A quelle classe appartient l'unité du $11^e$ ordre ?

**7.** Quels sont les mots nécessaires pour énoncer tous les nombres plus petits que mille ? — plus petits que un milliard ?

**8.** Jusqu'à quel nombre peut-on compter en n'employant que 15 mots différents, 1° en ne se servant pas des locutions exceptionnelles introduites par l'usage ? 2° en se servant de ces locutions ?

**9.** Énoncer le nombre formé : 1° de cent dizaines ; 2° de mille deux cents centaines.

**10.** Quel est le nombre immédiatement inférieur à mille, — à un billion ?

**11.** Combien y a-t-il de nombres plus petits que mille ?

**12.** Combien y a-t-il de nombres compris entre cent trente et dix-huit ?

**13.** Combien faut-il de chiffres différents pour écrire un nombre ?

**14.** Que signifie le zéro dans un nombre écrit ?

**15.** Pourquoi emploie-t-on le zéro ?

**16.** Un nombre écrit a cinq chiffres ; le troisième est seul un zéro ; quelles sont les unités de différents ordres que renferme ce nombre ?

**17.** Un nombre est formé de onze chiffres, dont aucun n'est zéro, quelles classes d'unités renferme ce nombre ? toutes ces classes sont-elles complètes ?

**18.** Écrire les nombres :

Neuf cent quarante-cinq,
Trois mille vingt-quatre,
Cinquante millions deux cent un.

**19.** Lire les nombres

43,    405,    89 642,    11 000 305.

**20.** Quel rang occupe le chiffre des centaines dans un nombre de six chiffres : 1° à partir de la gauche ; 2° à partir de la droite.

**21.** Quel est le plus petit nombre de sept chiffres ?

**22.** Quel est le plus grand nombre de trois chiffres ?

**23.** Deux nombres de trois chiffres ont les mêmes chiffres extrêmes ; quel est le plus grand ?

**24.** Comparer 453 et 532, 437 et 428, 435 et 432.

**25.** On écrit la suite naturelle des nombres sans séparer ces nombres ; quel est le centième chiffre écrit ? quel est le millième ?

**26.** Combien y a-t-il de nombres de trois chiffres ? de quatre chiffres ?

**27.** Quel est le plus grand nombre de quatre chiffres formé avec les chiffres 1, 2, 3, 4 ; quel est le plus petit ?

**28.** Qu'appelle-t-on base d'un système de numération ?

**29.** Combien y a-t-il de chiffres différents dans le système de base 8 ?

**30.** Quel est le système dans lequel on emploie onze chiffres, autres que zéro ?

**31.** Quels sont les nombres que l'on écrit de la même manière dans les systèmes de bases sept et huit ?

**32.** Écrire en chiffres romains les nombres

$$145, \quad 375, \quad 2\,043.$$

**33.** Écrire dans le système décimal les nombres

$$CDXXI, \quad MDIX, \quad MMXII.$$

# CHAPITRE II

## ADDITION

**24.** Si nous réunissons dans un seul sac les billes contenues dans deux sacs différents, nous obtenons une collection de billes, qui est appelée *somme* des deux premières ; il est manifeste que cette même opération peut être faite sur trois, quatre,... sacs ; la collection finale sera toujours la *somme* des collections primitives. On admet facilement que la somme ainsi formée peut être obtenue en réunissant d'un seul coup toutes les collections données, ou en réunissant d'abord la seconde à la première, puis en ajoutant la troisième, et ainsi de suite.

Ce que nous avons fait avec des sacs de billes peut être répété avec des objets quelconques, pourvu qu'ils puissent former une collection ; ainsi, on peut réunir trois pièces de deux francs et deux pièces de un franc ; la somme de ces objets sera formée de cinq pièces d'argent ; si, au contraire, nous portons notre attention sur la valeur des pièces, nous dirons que l'on a réuni six francs et deux francs et que la somme a une valeur de huit francs.

**25. Définition.** — *L'addition est une opération qui a pour but de trouver le nombre d'objets contenus dans la collection formée par la réunion de plusieurs collections, en supposant connus les nombres d'objets de chacune de ces collections.*

Le nombre trouvé est appelé la *somme* des nombres

donnés. Il est manifeste que pour obtenir la somme de plusieurs nombres, il est inutile de connaître la nature des objets contenus dans les collections que l'on réunit.

Un moyen bien simple pour faire une addition consiste à ajouter successivement tous les objets contenus dans les collections ; ainsi, pour former la somme de 15 et 4, on ajoutera 1 à 15, ce qui donne 16 ; puis 1 à 16, ce qui donne 17 ; puis, 1 à 17, ce qui donne 18 ; et enfin, 1 à 18, ce qui donne 19.

Ce procédé est trop long et on peut arriver plus rapidement au résultat en utilisant les conventions faites dans la numération.

**26. Notations.** — Signalons d'abord quelques notations souvent employées ; quand on veut indiquer la somme de plusieurs nombres, on les écrit à la suite les uns des autres en les séparant par le signe $+$, qu'on lit *plus* ; par exemple, l'addition des nombres 3, 14, 145 est représentée par

$$3 + 14 + 145,$$

qu'on lit : trois plus quatorze plus cent quarante-cinq.

Pour indiquer que deux nombres sont égaux, on les écrit à la suite l'un de l'autre en les séparant par le signe $=$, qu'on lit *égale* ; par exemple, la somme des nombres 3 et 4 étant 7, on écrira

$$3 + 4 = 7.$$

L'ensemble de ces nombres séparés par le signe $=$ est une *égalité*.

On indique que deux nombres sont inégaux en les écrivant à la suite l'un de l'autre et en les séparant par l'un des signes $>$ ou $<$ qu'on lit *supérieur à* ou *inférieur à* ; ainsi, on écrit

$$4 > 2, \quad 7 < 11.$$

L'ensemble de deux nombres séparés par l'un des signes > ou < est une *inégalité*.

**27. 1er cas. — Addition de deux nombres d'un seul chiffre.** — On emploie le procédé indiqué plus haut en comptant sur ses doigts les unités que l'on ajoute successivement ; mais il est indispensable de s'habituer à trouver le résultat instantanément ; pour cela, on apprend par cœur les résultats que l'on obtient en ajoutant d'abord 1 aux neuf premiers nombres, puis en ajoutant 2 aux neuf premiers nombres, et ainsi de suite.

Il est bon d'apprendre de même à ajouter un nombre d'un seul chiffre à un nombre de plusieurs chiffres.

Il est alors facile d'ajouter successivement à un nombre quelconque plusieurs nombres d'un seul chiffre ; ainsi, pour faire la somme 15 + 7 + 4, on dira 15 et 7 font 22, 22 et 4 font 26.

**28. 2e cas. — Addition de deux nombres de plusieurs chiffres.** — Prenons maintenant deux nombres de plusieurs chiffres, 245 et 322 ; on les écrit l'un au-dessous de l'autre, de manière que les unités de même ordre soient dans une même colonne :

$$
\begin{array}{r}
245 \\
322 \\
\hline
567
\end{array}
$$

et on dit : 5 et 2 font 7, 4 et 2 font 6 ; 2 et 3 font 5, en écrivant les chiffres obtenus les uns à la suite des autres, on forme la somme 567.

**29.** Essayons de justifier ce procédé. Nous voulons réunir 245 billes et 322 billes ; pour cela, on peut commencer par séparer les 245 billes en trois tas contenant 200, 40 et 5 billes et séparer les 322 billes en trois tas formés respectivement de 300, 20 et 2 billes.

Nous réunirons ensuite les 5 billes aux 2 billes, ce qui donne 7 billes.

Les 40 billes et les 20 billes des seconds tas réunis formeront $4 + 2$ ou 6 dizaines de billes.

Enfin, les 200 billes et les 300 billes des premiers tas formeront $2 + 3$ ou 5 centaines de billes.

La collection complète est donc formée de 5 centaines de billes, 6 dizaines de billes et 7 billes ; la somme des deux nombres est 567.

**30.** Soit encore à faire l'addition des nombres 88 et 34 ; disposons l'opération comme précédemment :

$$\begin{array}{r} 88 \\ 34 \\ \hline 122 \end{array}$$

nous dirons : 8 et 4 font 12, je pose 2 et retiens 1 ; 8 et 3 font 11 et 1 de retenue, 12 ; je pose 2 et j'avance 1.

**31.** Il est aisé de comprendre pourquoi l'on procède ainsi : le nombre 88 est la réunion de 8 dizaines et 8 unités ; le nombre 34 est la réunion de 3 dizaines et 4 unités : nous ajouterons d'abord les 4 unités du second nombre aux 8 unités du premier ; on a ainsi 12 unités ; puis nous ajouterons les 3 dizaines aux 8 dizaines, ce qui donne 11 dizaines ; la somme est alors formée de 12 unités et 11 dizaines ; mais, pour nommer cette somme, on met de côté 2 unités et on réunit la dizaine de 12 aux autres dizaines ; on a ainsi 2 unités et 12 dizaines, ce qui est la même chose que 2 unités, 2 dizaines et 1 centaine.

**32.** Si dans un nombre figure le symbole 0, nous avons vu que cela indique l'absence d'unités de l'ordre correspondant ; par suite, on ne tiendra pas compte du zéro dans l'addition ; ainsi, on dira 5 et 0 font 5, 0 et 3 font 3, 0 et 0 font 0.

**33.** Dans les exemples donnés, nous avons toujours

commencé l'addition par la droite ; dans le premier exemple, on aurait pu faire l'opération dans un ordre quelconque, puisque les résultats obtenus dans chaque colonne n'influaient pas les uns sur les autres ; il n'en est pas de même dans le second exemple ; pour tenir compte des retenues, il est plus commode de commencer par la droite ; comme d'ailleurs, on ne sait pas à l'avance si l'addition des chiffres d'une colonne donnera ou non une retenue, il vaut mieux faire l'opération dans l'ordre suivi ici.

**34. Règle.** — *On dispose les nombres les uns au-dessous des autres, de manière que les chiffres qui représentent des unités de même ordre soient dans une même colonne. On fait alors la somme des unités simples ; si cette somme est formée de moins de dix unités, on écrit le résultat obtenu ; si elle contient des unités et des dizaines, on écrit le chiffre des unités et on ajoute les dizaines à la deuxième colonne ; si elle est formée uniquement de dizaines, on écrit 0 et on ajoute les dizaines à la deuxième colonne ; on opère de même pour les colonnes successives et on écrit finalement le nombre obtenu dans la dernière colonne.*

*Si un chiffre est 0, on n'en tient pas compte.*

**35. Preuve.** — On appelle *preuve* d'une opération une autre opération que l'on fait pour s'assurer de l'exactitude de la première.

Pour faire la preuve de l'addition, on recommence l'opération en ajoutant les nombres dans un ordre différent du premier ; par exemple, si on a ajouté de haut en bas, on ajoutera de bas en haut ; on doit obtenir les mêmes résultats dans les deux cas.

Si les résultats sont différents, une des opérations est fausse ; s'ils sont les mêmes, il est *probable* que les deux opérations sont exactes, mais on ne peut l'affirmer.

**36.** Si l'on doit ajouter beaucoup de nombres, il vaut

mieux les partager en plusieurs groupes, ajouter les nombres d'un même groupe, et ensuite additionner les différentes sommes ainsi formées. Il sera bon de vérifier les calculs en changeant l'ordre des groupes et même en groupant les nombres de plusieurs manières.

On peut encore, pour éviter des erreurs, inscrire à chaque fois la retenue qui provient de l'addition des chiffres d'une colonne.

## QUESTIONS

1. Qu'appelle-t-on somme de plusieurs nombres ?

2. Si on change l'ordre, la somme change-t-elle ?

3. Qu'est-ce qu'une égalité ?

4. Comment indique-t-on l'addition de deux nombres ?

5. Quelle est la règle d'addition ?

6. Pourquoi commence-t-on par la droite ?

7. Dans quel cas peut-on commencer par la gauche ?

8. Dans l'addition de deux nombres de cinq chiffres, dans quel cas peut-on ajouter d'abord les trois colonnes de gauche, puis les deux colonnes de droite ?

9. Si plusieurs nombres sont terminés par deux zéros, comment peut-on faire l'addition ?

10. Qu'appelle-t-on preuve d'une opération ?

11. Comment fait-on la preuve de l'addition ?

12. Dans deux nombres, on échange les chiffres des dizaines ; la somme est-elle changée ?

13. On additionne deux nombres et on trouve 483 ; quelle est la somme des deux nombres renversés, sachant qu'il n'y avait pas de retenues dans la première opération ?

14. Même question, en supposant qu'il y avait une retenue de 1 dizaine ?

15. Dans une somme de deux nombres, la retenue peut-elle être supérieure à 1 ?

**16.** Dans une somme de cinq nombres, quelle est la plus grande retenue ?

## EXERCICES DE CALCUL MENTAL

**1.** Ajouter 20 et 7, 30 et 5, 40 et 6, 3 000 et 9, 40 000 et 8.

**2.** Ajouter 400 et 15, 2 000 et 27, 30 000 et 431, 100 000 et 9 321.

**3.** Ajouter 230 et 15, 430 et 27, 8 200 et 142, 3 500 et 215.

**4.** Ajouter 440 et 220, 360 et 221, 7 800 et 142.

**5.** Ajouter 321 et 200, 435 et 240, 580 et 118.

## EXERCICES ÉCRITS ET PROBLÈMES

**1.** Faire les sommes suivantes :
$$431 + 689, \quad 3.245 + 4\,837 ;$$
$$2\,354\,893 + 67\,842, \quad 2\,358\,923 + 4\,656\,891.$$

**2.** Faire les sommes suivantes :
$$432 + 325 + 236, \quad 241 + 22 + 305 ;$$
$$4\,321 + 5\,006 + 201, \quad 45\,897 + 9\,804 + 356\,489.$$

**3.** Un enfant a 8 ans ; son père avait 32 ans à la naissance de l'enfant ; quel est l'âge actuel du père ?

**4.** Un enfant a 6 ans ; son père avait 27 ans à la naissance de l'enfant ; son grand-père avait 31 ans à la naissance du père ; quel est l'âge actuel du père et celui du grand-père ?

**5.** Dans un tramway, il y a 13 voyageurs à l'intérieur, 17 voyageurs à l'impériale, 3 voyageurs sur la plate-forme ; combien y a-t-il de voyageurs dans la voiture ?

**6.** Un marchand a acheté pour 4 322 francs de marchandises ; il a payé 45 francs de frais ; combien doit-il vendre ces marchandises pour réaliser un bénéfice de 873 francs ?

**7.** Combien y a-t-il de jours du 8 janvier au 25 mars : 1° si l'année est bissextile, 2° si l'année n'est pas bissextile, le 8 janvier et le 25 mars étant comptés ?

**8.** Combien s'est-il écoulé de jours entre le 4 février 1891 et le 5 mars 1900 ?

9. Pour aller de Paris à Bâle, on peut prendre le chemin de fer de l'Est, qui passe par Belfort et Delle, ou le chemin de fer de Paris-Lyon-Méditerranée, qui passe par Dijon, Besançon, Montbéliard. La distance de Paris à Belfort est 443$^{km}$, la distance de Belfort à Delle est 22$^{km}$, et la distance de Delle à Bâle est 81$^{km}$. La distance de Paris à Dijon est 315$^{km}$, celle de Dijon à Besançon est 92$^{km}$, celle de Besançon à Montbéliard est 78$^{km}$ et celle de Montbéliard à Bâle est 100$^{km}$. Les prix par kilomètre étant les mêmes sur les deux lignes, quelle est la voie la plus économique ?

10. On a dans une caisse 29 billets de mille francs, 32 billets de cent francs, 79 pièces de dix francs et 248 pièces de un franc ; combien y a-t-il de billets ? combien y a-t-il de pièces ? quelle est la somme formée par ces billets et ces pièces ?

# CHAPITRE III

## SOUSTRACTION

**37.** La réunion de deux collections d'objets donne une nouvelle collection, et nous avons appris à trouver le nombre d'objets contenus dans cette somme. Inversement, si d'un panier contenant 15 fruits, on retire 4 fruits, il reste encore des fruits dans ce panier; on saura combien il en reste en enlevant d'abord 1 fruit, puis 1 autre, puis 1 autre et enfin 1 dernier; il y a alors successivement dans le panier, 14, puis 13, puis 12, et enfin 11 fruits.

Ce nombre 11 est le reste, et l'opération qui fournit ce nombre est la *soustraction*.

**Définition.** — *La soustraction est l'opération qui a pour but de trouver combien il reste d'objets dans une collection, quand on en a retiré un certain nombre.*

**38.** L'opération étant faite, si on replace les objets enlevés auprès des objets restants, on reforme la collection primitive; on peut donc dire que la *soustraction a pour but, étant donnés deux nombres, d'en trouver un troisième tel que le plus grand des deux premiers soit la somme du plus petit et du troisième.*

Le nombre cherché est *le reste* ou la *différence*

**39. Notations.** — La soustraction est indiquée par le signe —, que l'on prononce *moins*, placé entre les deux nombres rangés par ordre de grandeur; ainsi, la notation

$$15 - 4 = 11$$

indique que 11 est le résultat de la soustraction des nombres 15 et 4.

40. L'exemple donné plus haut montre comment on peut toujours effectuer l'opération; mais un tel procédé serait trop long; comme pour l'addition, on peut donner une règle qui conduit plus rapidement au résultat.

Si le plus petit nombre n'a qu'un chiffre, on peut retrancher successivement les unités de ce nombre; on arrive aussi très vite à savoir par cœur les résultats sans avoir à répéter ce procédé; ainsi, on dira 5 ôté de 9 donne 4; 3 de 15 donne 12; de même 50 de 90 donne 40; 300 de 500 donne 200.

Dans ces derniers exemples, il suffit de dire 5 dizaines de 9 dizaines, et 3 centaines de 5 centaines, en remarquant que l'on peut prendre pour objets simples les dizaines et les centaines.

41. Prenons maintenant deux nombres de plusieurs chiffres 478 et 325; nous les écrivons l'un au-dessous de l'autre, et nous disons :

$$\begin{array}{r} 478 \\ 325 \\ \hline 153 \end{array}$$

5 ôté de 8, reste 3, je pose 3; 2 de 7 reste 5, je pose 5; 3 de 4, reste 1, je pose 1; le reste est 153.

42. Pour justifier cette manière d'opérer, nous pouvons partager les 478 objets en 4 centaines, 7 dizaines et 8 objets : nous voulons en enlever 325, c'est-à-dire 5, puis 20, puis 300; je puis les prendre dans n'importe quelle partie de la pre-

mière collection : des 8 objets, j'enlève 5 objets, en disant
5 de 8, reste 3 objets : des 70 objets, j'enlève 20 objets, en
disant 2 dizaines de 7 dizaines, reste 5 dizaines ; enfin, des
400 objets, j'enlève 300 objets, en disant 3 centaines de 4
centaines, reste 1 centaine ; il y a donc finalement 1 centaine
d'objets, 5 dizaines d'objets et 3 objets ; leur nombre est
153.

**43.** Soit à retrancher 327 de 615 ; nous disposerons l'opération comme ci-dessous, et nous disons :

$$
\begin{array}{r}
615 \\
327 \\
\hline
288
\end{array}
$$

7 ne peut être retranché de 5 ; j'ajoute 10 à 5 ; 7 de 15
reste 8, je pose 8 et je retiens 1 ; 2 et 1, 3 ; 3 ne peut se
retrancher de 1 ; j'ajoute 10 à 1 ; 3 de 11, reste 8, je pose
8 et je retiens 1 ; 3 et 1, 4 ôté de 6, reste 2 ; je pose 2.

**44.** Pour justifier ce procédé, nous remarquons d'abord
*qu'on ne change pas la différence de deux nombres en leur ajou-
tant un même nombre.* Imaginons que l'on veuille retirer
4 billes d'un sac qui en contient 15 ; puis, qu'une seconde
fois, on ait d'abord ajouté 6 billes dans le sac et qu'on veuille
ensuite en retrancher $4+6$ ou 10 billes ; dans le second cas,
on pourra d'abord enlever successivement les 6 billes ajoutées ; pour terminer, il faudra enlever encore 4 billes du sac,
qui n'en contient plus que 15 ; on sera donc ramené à la
première opération et on devra trouver le même résultat que
si on avait fait immédiatement cette première opération.

Revenons maintenant à la soustraction des nombres 615 et
327 ; je partage les deux nombres en trois groupes : 6 centaines, 1 dizaine, 5 unités ; 3 centaines, 2 dizaines, 7 unités ;
au premier nombre, j'ajoute 10 unités, ce qui fait 6 centaines,
1 dizaine et 15 unités ; j'ajoute de même 1 dizaine au second
nombre, ce qui fait 3 centaines, 3 dizaines, 7 unités. Je retranche d'abord ces 7 unités des 15 unités du premier nombre ; il reste 8 unités ; on a ainsi un nombre formé de
6 centaines 1 dizaine 8 unités, dont il faut retrancher successivement 3 centaines et 3 dizaines ; au lieu de cela, on peut

aux deux nombres ajouter 10 dizaines ou 1 centaine ; le premier nombre sera 6 centaines 11 dizaines 8 unités, dont il faut retrancher successivement 4 centaines et 3 dizaines ; je retranche alors 3 dizaines de 11 dizaines, il reste 8 dizaines et 4 centaines de 6 centaines, il reste 2 centaines.

45. Nous avons vu que le symbole o indique l'absence d'unités de l'ordre représenté par le rang occupé par ce symbole ; il en résulte que si l'on doit retrancher un nombre ayant un zéro, on n'a pas à s'occuper du zéro. Ainsi, pour retrancher 20 de 45, on aura seulement à enlever 2 dizaines du nombre 45, il restera alors 2 dizaines et 5 unités ou 25 ; on peut dire o de 5 reste 5, quoique la soustraction de o n'ait pas de sens ; cette façon de parler est seulement une formule commode.

On voit de même que si l'on trouve o dans le plus grand nombre, on ajoutera comme plus haut dix unités de l'ordre supérieur pour faire la soustraction.

46. RÈGLE. — *Pour obtenir la différence de deux nombres, on écrit le plus petit nombre au-dessous du plus grand en plaçant dans une même colonne les unités de même ordre. On retranche chaque chiffre du second nombre du chiffre correspondant du premier, si cela est possible, et on écrit le résultat au-dessous. Si les deux chiffres sont égaux, le résultat est zéro. Si le chiffre du plus petit nombre est zéro, le résultat est le chiffre du plus grand nombre. Si le chiffre du plus grand nombre est inférieur à celui du plus petit, on augmente le premier de 10, mais on a soin d'augmenter de 1 le chiffre du second nombre qui est à gauche du précédent.*

47. Nous avons commencé l'opération par la droite, comme pour l'addition ; on voit que cela n'est nécessaire que si un chiffre du second nombre est plus grand que le chiffre correspondant du premier.

**48. Preuve.** — On fait la preuve en additionnant le plus petit nombre et le reste; on doit trouver le plus grand nombre.

**49. Remarque I.** — Si l'on veut retrancher 35 de 147, nous avons vu que l'on retranchait d'abord 5, puis 30 ; d'une façon générale, *si on veut retrancher une somme d'un nombre, on peut retrancher successivement chacune des parties de la somme.* Ainsi, si d'un panier contenant 24 fruits, j'en retranche 3, puis 4, cela revient évidemment à en retrancher d'un seul coup 3+4 ou 7.

Pour indiquer que l'on retranche une somme, on met cette somme entre parenthèses et on la sépare du premier nombre par le signe — ; ainsi, on écrira

$$24 - (3 + 4)$$

pour indiquer l'opération précédente.

Il sera quelquefois plus simple d'opérer comme il vient d'être dit que de faire la somme pour la retrancher ensuite du premier nombre.

Soit à retrancher de 3 428 la somme des nombres 21 et 7, on dira 21 de 3 428 reste 3 407 ; 7 de 3 407 reste 3 400, ce que l'on indiquera en écrivant

$$3\ 428 - (21 + 7) = 3\ 428 - 21 - 7.$$

**50. Remarque II.** — Supposons maintenant qu'à un nombre 425, on veuille ajouter la différence des nombres 24 et 3 ; on peut faire la différence, 21, et l'ajouter à 425 ; on peut aussi commencer par ajouter 24, le résultat est alors trop grand de 3 unités ; on devra donc ensuite retrancher ces 3 unités ; c'est-à-dire que : *pour ajouter une différence à un nombre, on peut ajouter le premier terme et retrancher le second terme du résultat obtenu ;* on indique l'opération par l'écriture

$$425 + (24 - 3) = 425 + 24 - 3.$$

**51. Remarque III.** — Soit enfin à retrancher du nombre 324 la différence 48 — 14 ; nous savons que l'on peut d'abord ajouter aux deux nombres 14 ; on aura ainsi à ajouter 14 à 324 et à retrancher du résultat le nombre 48.

*Pour retrancher d'un nombre une différence de deux nombres, on ajoute le plus petit et on retranche le plus grand du résultat obtenu* ; on indique l'opération par l'écriture

$$324 - (48 - 14) = 324 + 14 - 48.$$

**52. Parenthèses.** — Nous avons rencontré dans ce qui précède de nouvelles notations en mettant des nombres entre parenthèses ; d'une façon générale, quand on place des *nombres entre parenthèses,* cela veut dire qu'on doit remplacer tous ces nombres par le résultat obtenu en faisant les opérations indiquées par les signes qui les séparent ; si des nombres sont séparés par des signes $+$ et $-$, sans qu'il y ait de parenthèses, on effectue successivement les opérations dans l'ordre où elles se présentent.

Ainsi

$$24 + 8 - 3 - 5$$

indique que l'on fait la somme $24 + 8 = 32$, que l'on en retranche 3, ce qui donne 29 et que l'on retranche 5 de 29, ce qui donne 24.

De même

$$24 + (35 - 6 + 4) - (31 - 16)$$

indique que l'on fait d'abord les opérations

$$35 - 6 + 4 = 33,$$
$$31 - 16 = 15,$$

puis l'opération

$$24 + 33 - 15 = 42.$$

## QUESTIONS

1. Qu'est-ce que la soustraction ? donner la définition et l'expliquer ?

2. Qu'est-ce que la différence de deux nombres?

3. Comment est formé le plus grand nombre par rapport au plus petit et au reste?

4. Par quel signe indique-t-on la soustraction?

5. Énoncer la règle de la soustraction; pourquoi commence-t-on par la droite?

6. Que devient la différence de deux nombres, si on leur ajoute un même nombre?

7. Que devient cette différence, si on retranche un même nombre des deux termes?

8. Comment fait-on la preuve de la soustraction?

9. Que doit-on obtenir si on retranche du plus grand nombre le reste?

10. La différence de deux nombres est 8; que devient-elle si on augmente le plus grand de 4.

11. La différence de deux nombres est 16; que devient-elle si on diminue le plus petit de 3.

12. La différence de deux nombres est 81; que devient-elle : 1° si on augmente le plus grand de 4 et le plus petit de 7; 2° si on diminue le plus grand de 5 et le plus petit de 3 ; 3° si on augmente le plus grand de 10 et que l'on diminue le plus petit de 3 ; 4° si on diminue le plus grand de 5 et que l'on augmente le plus petit de 12.

13. Comment peut-on ajouter une différence à un nombre?

14. Comment peut-on retrancher une somme d'un nombre?

15. Comment peut-on retrancher une différence d'un nombre?

16. A quoi servent les parenthèses?


## EXERCICES DE CALCUL MENTAL

1. Retrancher 4 de 15, 7 de 39, 8 de 27, 11 de 21.

2. Retrancher 40 de 60, 300 de 500, 2 000 de 12 000.

3. Retrancher 20 de 320, 18 de 118, 39 de 2 339.

**4.** Retrancher 42 de 362, 34 de 584, 36 de 358.

**5.** Retrancher $5+7+8$ de 48, $3o+5o$ de 100, $2oo+5o$ de 5oo.

**6.** Effectuer les opérations suivantes :

$$435 - (4 + 6 + 7), \qquad 142 - (11 + 13 + 15).$$
$$2o4 + (31 - 8), \qquad 342 + (15 - 7),$$
$$542 - (42 - 4), \qquad 434 - (14 - 2),$$
$$431 + 7 - 14, \qquad 321 + 10 - 8,$$
$$(5 + 11) - (4 + 3 - 2) + (51 - 18 - 7).$$

## EXERCICES ÉCRITS ET PROBLÈMES

**1.** Effectuer les opérations suivantes :

$$538 - 324, \qquad 452 - 321, \qquad 6\,789 - 3\,274,$$
$$489\,345 - 263\,142, \qquad 459\,489 - 354\,469.$$

**2.** Effectuer les opérations suivantes :

$$484 - 325, \qquad 249 - 156, \qquad 3\,458 - 1\,946.$$
$$5\,489 - 3\,989, \qquad 4o\,543 - 36\,953, \qquad 4o\,o53 - 39\,8o3.$$

**3.** Effectuer les opérations suivantes :

$$4\,589 + 6\,758 - 3\,224, \qquad 7\,895 - 3\,498 + 2\,5o1.$$
$$6\,534 - (3\,244 + 1\,895), \qquad 78\,956 - (4\,534 - 3\,102),$$
$$78\,945 - (4\,145 - 3\,788), \qquad 17\,421 - (3\,442 - 3\,o48),$$
$$15\,348 - (2o\,4o3 - 10\,549), \qquad 28\,349 - (32\,451 - 15\,742),$$
$$14\,843 - (13\,432 - 3\,423 + 3\,245),$$
$$17\,844 - (13\,447 + 4\,2o1 - 12\,o34) + (1\,o41 - 343).$$

**4.** La Seine a 776 kilomètres de longueur ; la Loire 1\,020 kilomètres de longueur ; de combien la longueur de la Loire surpasse-t-elle celle de la Seine ?

**5.** La Garonne a 575 kilomètres de longueur de sa source au Bec d'Ambez, où elle prend le nom de Gironde ; sa longueur de la source à l'embouchure de la Gironde est 648 kilomètres ; quelle est la longueur de la Gironde ?

**6.** Quel nombre faut-il retrancher de 548 pour que la différence soit 431 ?

**7.** Un récipient reçoit par heure 4\,345 litres ; il en perd 2\,438 ; de combien s'accroît en une heure la quantité de liquide qu'il contient ?

**8.** L'année 5652 de l'ère des Juifs a commencé le 3 octobre 1891, et l'année 5653 a commencé le 22 septembre 1892 ; combien l'année 5652 a-t-elle de jours ?

**9.** Un marchand a acheté des bœufs et des moutons ; les frais de transport s'élèvent à 255 francs pour les bœufs ; il les revend avec un bénéfice de 1 200 francs ; les frais de transport pour les moutons s'élèvent à 272 francs ; il les revend avec un bénéfice de 780 francs ; combien a-t-il acheté le tout, sachant qu'il touche 8 745$^{fr}$ pour la vente des bœufs et 3 932$^{fr}$ pour celle des moutons ?

**10.** Un commerçant reçoit en paiement trois sommes de 432 francs, 578 francs et 3 145 francs ; il a à payer quatre billets de 584 francs, 618 francs, 4 321 francs et 254 francs ; combien doit-il prendre dans sa caisse pour faire ces paiements ?

**11.** Dans une première partie, Paul gagne 6 billes à Pierre ; dans une seconde partie, Pierre gagne 11 billes à Paul ; que doit-il arriver à la troisième partie pour que chacun d'eux ait le même nombre de billes qu'au début ?

**12.** Un nombre de trois chiffres commence par 4 ; quel doit être le chiffre des unités pour qu'en retranchant ce nombre du nombre renversé on obtienne zéro ?

**13.** Trois joueurs jouent deux parties ; le perdant donne à chacun des deux autres 3 jetons ; les deux premiers joueurs ayant perdu chacun une partie, il reste au premier 15 jetons, au second 14 jetons ; sachant qu'il y a en tout 43 jetons, on demande combien le troisième en possède à la fin du jeu, et combien chaque joueur en possédait au début ?

**14.** Montrer que pour retrancher 432 de 635, on peut d'abord retrancher 432 de 1 000, ajouter le résultat à 635 et diminuer d'une unité le chiffre des mille du nombre obtenu.

**15.** La récolte des cidres en France, en 1898, est évaluée 10 637 436 hectolitres ; elle est supérieure de 3 848 721 hectolitres à la production de 1897, mais inférieure de 3 020 980 à celle des années précédentes. De combien d'hectolitres a été la récolte de 1897 et de combien était celle des années précédentes ?

# CHAPITRE IV

## MULTIPLICATION

**53.** Nous avons appris à additionner plusieurs nombres ; le calcul est le même que pour deux nombres, mais l'opération devient très compliquée quand on a à ajouter beaucoup de nombres ; il est un cas particulier intéressant que l'on rencontre fréquemment, celui où tous les nombres dont on fait la somme sont égaux ; on peut alors obtenir le résultat par une nouvelle opération plus rapide que l'addition ; c'est la *multiplication*. Ainsi, au lieu de faire la somme de 184 nombres égaux à 435, on pourra faire sur ces deux nombres une multiplication, dont le résultat est appelé le *produit* de 435 par 184.

**54. Définition.** — *On appelle* MULTIPLICATION *d'un nombre par un autre une opération qui a pour but de trouver la somme d'autant de nombres égaux au premier qu'il y a d'unités dans le second.*

Le premier nombre est appelé MULTIPLICANDE, le second est appelé MULTIPLICATEUR et le résultat obtenu est appelé PRODUIT.

Cette définition n'est plus applicable si le multiplicateur est 1 ou 0 ; nous dirons alors :

*Le produit d'un nombre par 1 est ce nombre.*

*Le produit d'un nombre par 0 est 0.*

**55. Notations.** — On indique le produit de deux nombres en écrivant le multiplicande, puis le multiplicateur et en les séparant par le signe $\times$ ou par un point, qu'on lit *multiplié par*.

Ainsi :

$$4 \times 3 = 12, \qquad 4.3 = 12$$

signifient que le produit de 4 par 3 est 12.

On peut encore employer des parenthèses, en nous rappelant ce qui a été dit plus haut

Ainsi la notation

$$(4 + 3) \times (7 - 2)$$

indique que l'on doit faire la somme $4 + 3 = 7$, la différence $7 - 2 = 5$ et effectuer ensuite le produit de 7 par 5.

Si l'on écrit une suite de nombres séparés par les signes $+$, $-$, $\times$, le signe $\times$ est relatif seulement aux deux nombres qu'il sépare, et on doit commencer par faire leur produit ; on effectue ensuite les additions et les soustractions dans l'ordre indiqué, en ayant remplacé les deux nombres par leur produit.

Ainsi, la notation

$$4 + 3 \times 5 - 2 \times 4 - 6$$

indique que l'on doit faire les produits $3 \times 5 = 15$, $2 \times 4 = 8$ et écrire

$$4 + 15 - 8 - 6,$$

ce qui donne 5.

Au contraire, si un signe $\times$ est placé près d'une parenthèse, on effectue d'abord les opérations indiquées dans la parenthèse ; la notation

$$3 + 4 \times (5 - 2) - 7$$

indique que l'on doit faire la différence $5 - 2 = 3$, puis le produit $4 \times 3 = 12$ et ensuite les opérations :

$$3 + 12 - 7 = 8.$$

*En résumé, on effectue d'abord les opérations indiquées dans chaque parenthèse, que l'on remplace par le résultat trouvé ; on effectue ensuite les produits indiqués, et on les remplace par les résultats trouvés ; enfin, on effectue les additions et soustractions dans l'ordre où elles se présentent.*

**56. Propriété.** — *Le produit de deux nombres ne change pas quand on intervertit leur ordre, c'est-à-dire* quand on prend pour multiplicande le multiplicateur et inversement.

Nous allons montrer que le produit $3 \times 4$ est le même que le produit $4 \times 3$.

Ecrivons quatre lignes formées de trois points :

$$\begin{matrix} \bullet & \bullet & \bullet \\ \bullet & \bullet & \bullet \\ \bullet & \bullet & \bullet \\ \bullet & \bullet & \bullet \end{matrix}$$

Cherchons combien il y a de points ; il y en a trois dans chaque ligne ; on aura le nombre total en ajoutant 4 nombres égaux à 3, c'est-à-dire en multipliant 3 par 4.

Nous pouvons aussi remarquer qu'il y a 4 points dans chaque colonne ; comme il y a 3 colonnes, pour avoir le nombre total, il faudra ajouter 3 nombres égaux à 4, c'est-à-dire multiplier 4 par 3.

Comme le nombre des points est toujours le même, quelle que soit la manière de les compter, on en conclut que le produit $3 \times 4$ est égal au produit $4 \times 3$.

**57.** D'après ce qui précède, il est inutile de distinguer le multiplicande du multiplicateur ; ces deux nombres sont appelés les *facteurs* du produit.

**58. Table de Pythagore.** — Voyons maintenant comment on peut trouver le produit de deux nombres.

**1er Cas.** — Examinons d'abord le cas simple où ces deux nombres n'ont qu'un seul chiffre. On doit savoir par cœur les résultats, que l'on trouve d'ailleurs dans la *table de Pythagore.*

Pour former cette table, on écrit sur une ligne les neuf

| 1 | 2 | 3 | 4 | 5 | 6 | 7 | 8 | 9 |
|---|---|---|---|---|---|---|---|---|
| 2 | 4 | 6 | 8 | 10 | 12 | 14 | 16 | 18 |
| 3 | 6 | 9 | 12 | 15 | 18 | 21 | 24 | 27 |
| 4 | 8 | 12 | 16 | 20 | 24 | 28 | 32 | 36 |
| 5 | 10 | 15 | 20 | 25 | 30 | 35 | 40 | 45 |
| 6 | 12 | 18 | 24 | 30 | 36 | 42 | 48 | 54 |
| 7 | 14 | 21 | 28 | 35 | 42 | 49 | 56 | 63 |
| 8 | 16 | 24 | 32 | 40 | 48 | 56 | 64 | 72 |
| 9 | 18 | 27 | 36 | 45 | 54 | 63 | 72 | 81 |

premiers nombres ; on écrit au-dessous les résultats obtenus en ajoutant chaque nombre de la première ligne à lui-même ; on a la seconde ligne ; pour obtenir la troisième ligne, on ajoute chaque nombre de la seconde ligne au nombre correspondant de la première ; la quatrième ligne est formée en ajoutant chaque nombre de la troisième ligne au nombre correspondant de la première, et ainsi de suite.

Si l'on veut maintenant le produit de 5 par 4, on cherche 5 dans la première ligne, 4 dans la première colonne et on trouve le nombre 20, en descendant dans la colonne qui commence par 5 jusqu'à ce qu'on soit dans la ligne qui commence par 4.

**59. 2e cas.** — Examinons en second lieu le cas où le multiplicande a plusieurs chiffres et le multiplicateur un seul. Soit à multiplier 435 par 6 ; on écrit le multiplicande, puis au-dessous le multiplicateur, que l'on souligne d'un trait ; on dit : 6 fois 5, 30, je pose 0 et retiens 3 ;

$$\begin{array}{r} 435 \\ 6 \\ \hline 2\,610 \end{array}$$

6 fois 3, 18, et 3 de retenue, 21 ; je pose 1 et retiens 2 ; 6 fois 4, 24, et 2 de retenue, 26, je pose 6 et j'avance 2 ; le produit est 2 610.

**60.** Pour justifier cette opération, faisons l'addition de 6 nombres égaux à 435.

$$\begin{array}{r} 435 \\ 435 \\ 435 \\ 435 \\ 435 \\ 435 \\ \hline 2\,610 \end{array}$$

On fait d'abord la somme $5+5+5+5+5+5$ des unités ; ce qui revient à faire le produit de 5 par 6 ; on a ainsi 30 ; on pose alors 0 et on retient 3 ; on fait ensuite la somme $3+3+3+3+3+3$ des dizaines et on ajoute 3 de retenue ; cela revient à faire le produit de 3 par 6 ou 18 et ajouter 3 ; on a ainsi 21 ; on pose 1 et on retient 2 ; enfin, pour terminer l'addition, on ajoute les centaines, ce qui revient à multiplier 4 par 6 et on ajoute la retenue 2 ; on voit donc que dans la multiplication, on imite l'addition, en la simplifiant.

**61. 3e cas.** — *Pour multiplier un nombre par 10, 100, 1000, etc., on ajoute 1, 2, 3... zéros à la droite du nombre.*

Ainsi, le produit de 435 par 10 est 4 350 ; nous avons vu que ce produit est le même que celui de 10 par 435 ; or, ce dernier est la somme de 435 nombres égaux à 10 ; il est donc égal à 435 dizaines ou 4 350.

**62. 4e cas.** — *Pour multiplier un nombre par un multiplicateur formé d'un chiffre suivi de zéros, on multiplie le nombre par ce chiffre et on ajoute à la droite du produit autant de zéros qu'il y en a dans le multiplicateur.*

Le produit de 43 par 20 est 860, obtenu en multipliant 43 par 2 et en ajoutant un zéro à la droite du résultat 86 ; ceci résulte de la définition même, comme nous allons le montrer.

Multiplier 43 par 20, c'est faire la somme de 20 nombres égaux à 43 ; nous pouvons alors partager ces 20 nombres en 10 groupes contenant chacun 2 nombres ; pour avoir la somme des 20 nombres, on fera d'abord la somme des 2 nombres de chaque groupe, ce qui est la même chose que multiplier 43 par 2 ; il reste alors à ajouter ces groupes ou à multiplier 86, valeur de chacun d'eux, par 10 ; et nous avons vu qu'il suffisait d'ajouter un zéro à la droite de 86.

**63. Cas général.** — Nous pouvons maintenant faire le produit de deux nombres quelconques ; soient les nombres 434 et 67 ; on dispose l'opération comme ci-dessous :

$$
\begin{array}{r}
434 \\
67 \\
\hline
3038 \\
2604 \\
\hline
29078
\end{array}
$$

On fait le produit de 434 par 7 ; on obtient ainsi 3 038 ; puis, on fait le produit de 434 par 6, en ayant soin d'avancer le premier chiffre 4 d'un rang vers la gauche, et on ajoute ensuite les nombres ainsi obtenus.

Il est aisé de justifier l'opération précédente ; nous devons faire la somme de 67 nombres égaux à 434 ; partageons ces 67 nombres en deux groupes, le premier contenant 7 nombres, le second, 60 ; additionner les nombres du premier groupe, c'est multiplier 434 par 7 ; on a ainsi 3 038 ; additionner les nombres du second groupe, c'est multiplier 434 par 60 ; pour cela, on multiplie par 6 et on ajoute un zéro à droite, ce qui donne 26 040 ; il reste maintenant à ajouter les nombres trouvés ; écrivons-les l'un au-dessous de l'autre

$$3\,038$$
$$26\,040$$

On voit que cela revient à écrire 2 604 en avançant les chiffres d'un rang vers la gauche ; il est inutile d'écrire le dernier zéro, puisque son addition à 8 donne 8.

64. Prenons encore comme exemple le produit 472 par 203.

Si nous appliquons le procédé qui précède, nous devons écrire :

$$
\begin{array}{r}
472 \\
203 \\
\hline
1416 \\
000 \\
944 \\
\hline
95816
\end{array}
$$

On voit qu'il est inutile de tenir compte du zéro qui est au multiplicande, à la condition d'avancer de deux rangs vers la gauche les chiffres du produit partiel par 2.

Il est aisé de comprendre pourquoi l'on peut opérer ainsi ; nous avons à faire le produit de 472 par 203, c'est-à-dire, à faire la somme de 203 nombres égaux à 472 ; nous ajoutons d'abord 3 nombres, ce qui revient à multiplier 472 par 3 et donne 1 416 ; il reste à ajouter 200 nombres égaux à 472 ou à multiplier 472 par 200 ; on aura ainsi à multiplier 472 par 2 et à ajouter deux zéros à droite du produit partiel 944 ; la somme des nombres 1 416 et 94 400 s'obtient en écrivant 944 au-dessous de 1 416 en avançant les chiffres de 944 de deux rangs vers la gauche.

**65.** Règle. — *Pour faire le produit de deux nombres, on écrit le multiplicande, puis, au-dessous, le multiplicateur, que l'on souligne d'un trait ; on multiplie le multiplicande par chaque chiffre du multiplicateur en allant de droite à gauche ; on écrit chaque produit partiel sous le précédent en ayant soin de reculer d'un rang vers la gauche, c'est-à-dire d'écrire les unités d'un produit partiel sous les dizaines du précédent. S'il y a un zéro au multiplicateur, on le néglige ; mais on a soin alors de reculer de deux rangs vers la gauche le produit partiel par le chiffre placé à gauche.*

*On ajoute ensuite les nombres ainsi écrits..*

**66. Multiplication de deux nombres terminés par des zéros.** — *Pour faire le produit de deux nombres terminés par des zéros, on néglige ces zéros et on fait le produit des deux nombres obtenus ainsi ; on ajoute ensuite à la droite du produit autant de zéros qu'on en a négligés.*

Ainsi, pour multiplier 45 300 par 180, nous multiplions 453 par 18.

$$
\begin{array}{r}
453 \\
18 \\
\hline
3624 \\
453 \phantom{0} \\
\hline
8154
\end{array}
$$

Le produit cherché est alors 8 154 000, déduit du précédent en ajoutant trois zéros à droite ; on voit, en effet, que nous avons à ajouter 180 nombres égaux à 453 centaines ; ce qui peut se faire en formant 10 groupes de

18 nombres ; chaque groupe a pour somme 8 154 centaines
ou 815 400 ; la somme des dix groupes est alors 8 154 000.

**67. Preuve.** — On peut faire la preuve de la multipli-
tion en recommençant l'opération après avoir changé l'ordre des facteurs ; on doit, si les opérations faites sont
exactes, trouver toujours le même produit.

On peut encore faire une autre vérification, appelée
*preuve par* 9 ; on trace d'abord une croix formant quatre
angles.

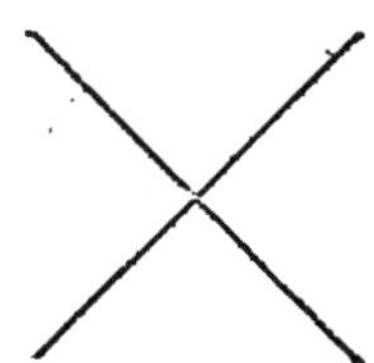

*On additionne les chiffres du multiplicande, en retran-*
*chant* 9 *chaque fois que l'on trouve une somme égale*
*ou supérieure à* 9 *; on écrit le résultat dans l'angle de gau-*
*che ; on répète la même opération pour le multiplicateur*
*et on écrit le résultat dans l'angle de droite ; on fait le*
*produit des nombres ainsi écrits, on retranche* 9 *de la*
*somme des chiffres de ce produit, si cette somme est égale*
*ou supérieure à* 9 *; on écrit le reste dans l'angle situé en*
*haut ; enfin, on opère sur le produit des deux nombres*
*donnés comme sur chacun de ces nombres et on écrit le*
*résultat dans le dernier angle. Si les deux nombres écrits*
*dans les angles situés en haut et en bas ne sont pas égaux,*
*l'opération est inexacte ; s'ils sont égaux, il est* PROBABLE
*que l'opération est exacte.*

Appliquons cette preuve à la multiplication des nombres 472 et 203, dont nous avons trouvé le produit égal
à 95 816.

4 et 7, 11 ; je retranche 9, il reste 2 ; 2 et 2, 4 ; j'écris 4
à gauche.

2 et 3, 5 ; j'écris 5 à droite.

Le produit de 4 par 5 est 20, dont la somme des chiffres est 2 ; j'écris 2 en haut.

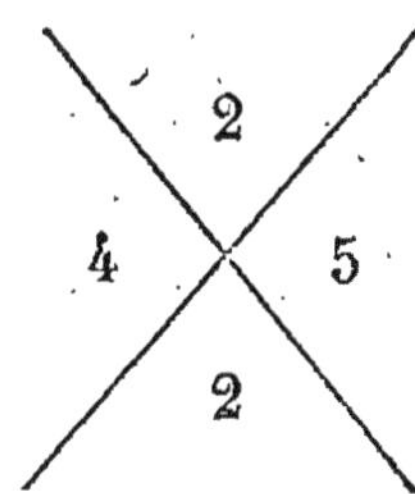

Dans 95816, je néglige 9 ; 5 et 8, 13 ; je retranche 9, il reste 4 ; 4 et 1, 5 ; 5 et 6, 11 ; je retranche 9, il reste 2, que j'écris en bas : il est probable que l'opération est exacte.

**68.** REMARQUE I. — *Pour trouver le produit d'une somme par un nombre, on peut ajouter les différents produits des termes de la somme par ce nombre.*

Ainsi le produit de $14 + 83$ par 3 est la somme des produits de 14 et de 83 par 3.

En effet, faire le produit du nombre $14 + 83$ par 3, c'est faire la somme

$$(14 + 83) + (14 + 83) + (14 + 83).$$

Mais, pour faire cette somme, on peut d'abord ajouter les 3 nombres 14, d'une part et les 3 nombres 83, d'autre part, puis ajouter les deux résultats, ce qui revient à ajouter les produits $14 \times 3$ et $83 \times 3$.

On peut donc écrire

$$(14 + 83) \times 3 = 14 \times 3 + 83 \times 3.$$

**69.** REMARQUE II. — *Pour multiplier une différence par un nombre, on peut multiplier chaque terme de la différence par ce nombre et retrancher le second produit du premier.*

Soit à multiplier $7 - 4$ par 3 ; cela revient à ajouter 3

nombres égaux à $7-4$; ajoutons d'abord 3 nombres égaux à 7, en faisant le produit de 7 par 3; nous aurons à chaque fois pris 4 unités de trop; on a donc finalement un nombre trop grand de 3 fois 4 unités; pour avoir le nombre cherché, il faut retrancher le produit $4 \times 3$ du produit $7 \times 3$.

On peut donc écrire

$$(7-4) \times 3 = 7 \times 3 - 4 \times 3.$$

**70. Produit de plusieurs facteurs.** — Prenons trois nombres 7, 4, 9; si l'on fait le produit de 7 par 4, on trouve 28; si l'on multiplie 28 par 9, on trouve 252; ce nombre est appelé le produit des facteurs 7, 4, 9 et on écrit:

$$7 \times 4 \times 9 = 252.$$

On démontre les propriétés suivantes:

1° *Le produit de plusieurs facteurs ne change pas si on change l'ordre des facteurs.*

Dans le produit précédent, si l'on multiplie 4 par 9, on a 36; si l'on multiplie 36 par 7, on trouve encore 252.

2° *On peut dans un produit remplacer plusieurs facteurs par leur produit effectué.*

Ainsi, le produit $3 \times 4 \times 5 \times 7$ est égal au produit $3 \times 20 \times 7$, dans lequel 20 remplace $4 \times 5$.

3° *Pour multiplier un produit de facteurs par un nombre, il suffit de remplacer un des facteurs par son produit par le nombre.*

Ainsi, le produit de $4 \times 8 \times 9$ par 3 est égal au produit $4 \times 24 \times 9$, dans lequel 24 est le produit de 8 par 3.

4° *Le produit de deux produits de facteurs est un produit formé de tous les facteurs des deux produits donnés.*

Ainsi, le produit de $2 \times 6$ par $4 \times 3 \times 9$ est égal au produit $2 \times 6 \times 4 \times 3 \times 9$.

**71.** Ces propriétés sont très utiles pour simplifier les calculs et permettent dans un grand nombre de cas de trouver un produit par un simple calcul mental, comme on le voit dans les exemples suivants :

Pour faire le produit $3 \times 2 \times 7 \times 5$, je dis 2 multiplié par 5 donne 10 ; 3 multiplié par 7 donne 21 ; 21 multiplié par 10 donne 210.

Pour faire le produit de $50 \times 9$ par $2 \times 6$, je fais le produit de 50 par 2 ou 100 ; le produit de 9 par 6 ou 54 ; le produit de 54 par 100 ou 5 400.

**72. Définitions.** — *Le carré d'un nombre est le produit de deux facteurs égaux à ce nombre.*

*Le cube d'un nombre est le produit de trois facteurs égaux à ce nombre.*

Le carré et le cube sont aussi appelés la *deuxième* et la *troisième puissance.*

*La quatrième puissance d'un nombre est le produit de quatre facteurs égaux à ce nombre*, et ainsi de suite.

On indique la puissance d'un nombre en écrivant au-dessus et à droite du nombre un autre nombre appelé *exposant* ; l'exposant exprime combien on prend de facteurs pour former la puissance.

$3^2$ représente le carré de 3 ; 2 est l'exposant.

$45^4$ représente la quatrième puissance de 45 ; 4 est l'exposant.

## QUESTIONS

**1.** Définir la multiplication de deux nombres.

**2.** Définir le produit de deux nombres ; — quels noms donne-t-on à ces nombres ?

**3.** Peut-on prendre le multiplicande pour multiplicateur et inversement ?

**4.** Que devient le produit de deux nombres, si on augmente l'un d'eux de l'unité ?

5. Quel est le produit d'un nombre par zéro ?

6. Par quel signe indique-t-on la multiplication ?

7. Comment fait-on la table de multiplication ?

8. Montrer que l'on peut former la 7ᵉ ligne de cette table, soit en ajoutant la 2ᵉ à la 5ᵉ, soit en ajoutant la 3ᵉ à la 4ᵉ.

9. Pourrait-on étendre cette table aux nombres plus grands que 9 ?

10. Vérifier à l'aide de la table ainsi prolongée que le produit de deux facteurs ne dépend pas de leur ordre.

11. Comment fait-on le produit d'un nombre par un nombre d'un seul chiffre ? — par 10, 100, ... ? — par 50, 600, ... ?

12. Énoncer la règle de la multiplication.

13. Comment fait-on la preuve par 9 ?

14. Comment peut-on multiplier une somme par un nombre ?

15. Comment peut-on multiplier une différence par un nombre ?

16. De combien augmente-t-on le produit de deux nombres, si on augmente chaque facteur de 1 ?

17. Comment fait-on un produit de plusieurs facteurs ?

18. Quelles sont les propriétés de ce produit ?

19. Montrer que le dernier chiffre d'un produit de plusieurs facteurs est le même que le dernier chiffre du produit des unités de ces facteurs ?

20. Qu'appelle-t-on carré d'un nombre ? cube d'un nombre ?

21. Définir l'exposant d'une puissance.

22. Par quels chiffres sont terminés les carrés des nombres ?

## EXERCICES DE CALCUL MENTAL

1. Faire les produits suivants :

$$400 \times 9, \quad 300 \times 7, \quad 5\,000 \times 80,$$
$$32 \times 40, \quad 231 \times 30, \quad 503 \times 200.$$

2. Faire les produits suivants :

$$2 \times 7 \times 5 \times 8, \quad 3 \times 6 \times 4 \times 5, \quad 10 \times 4 \times 3 \times 20,$$
$$21 \times 50 \times 3 \times 20, \quad 200 \times 3 \times 5 \times 20, \quad 41 \times 50 \times 2 \times 200.$$

3. Faire les produits suivants :

$$(3+4) \times 5, \quad (20+37) \times 6, \quad (42-22) \times 8,$$
$$(4+7) \times 5 \times 2, \quad (51+38) \times 20 \times 50,$$
$$(18-9) \times 6, \quad (54-34) \times 9, \quad (148-48) \times 7.$$

**4.** Effectuer les opérations suivantes :

$$(4 + 3) \times 5 - 9, \qquad (2 + 18) \times 6 - (4 + 6) \times 9,$$
$$(7 + 13) \times (4 + 5), \qquad (6 + 3) \times 5 \times 2 - (8 - 3) 6.$$

## EXERCICES ÉCRITS ET PROBLÈMES

**1.** Faire les produits :

$$4\,358 \times 7, \qquad 35\,064 \times 9, \qquad 205\,014 \times 8,$$
$$3\,428 \times 80, \qquad 2\,543 \times 70, \qquad 60\,548 \times 500,$$
$$4\,589 \times 83, \qquad 2\,544 \times 605, \qquad 45\,083 \times 498,$$
$$5\,400 \times 3\,200, \qquad 45\,040 \times 78\,000, \qquad 54\,900 \times 305\,000.$$

**2.** Faire les produits :

$$45 \times 7 \times 8, \qquad 305 \times 71 \times 890, \qquad 431 \times 104 \times 2\,050,$$
$$7 \times 4 \times 11 \times 8 \times 9, \qquad 45 \times 30 \times 20 \times 15, \qquad 435 \times 641 \times 849 \times 105.$$

**3.** Effectuer les opérations :

$$(405 + 38) \times 45, \qquad (2\,040 + 108) \times (45 + 38),$$
$$(2\,084 + 305) \times (405 + 181), \qquad (6\,450 + 289) \times (104 + 218),$$
$$(382 - 146) \times 7, \qquad (405 + 142) \times (483 - 218),$$
$$(7\,845 - 488) \times (405 + 103), \qquad (4\,842 - 389) \times (483 - 408).$$

**4.** Effectuer les opérations :

$$45 \times 36 + 48 \times 27, \qquad 245 + 324 \times 48 - 482,$$
$$452 - 48 \times 2 + 49 \times 6, \qquad 549 \times (48 - 15) + (484 - 321) \times 18,$$
$$645 - (48 + 17) \times (52 - 48) + (454 - 32) \times 18.$$

**5.** Former le carré et le cube des nombres

$$45, \qquad 108, \qquad 321, \qquad 432, \qquad 1\,054, \qquad 3\,248.$$

**6.** Chaque jour est formé de 24 heures ; combien y a-t-il d'heures dans le mois de janvier ?

**7.** Chaque heure est formée de 60 minutes ; combien y a-t-il de minutes en un jour ?

**8.** Un marchand a acheté une pièce de drap de 128 mètres ; chaque mètre coûte 9 francs ; combien a-t-il payé la pièce de drap ?

**9.** Le rayon de la terre est 6 366 kilomètres ; la distance de la terre à la lune est 60 fois le rayon de la terre ; quelle est cette distance évaluée en kilomètres ?

**10.** Un bicycliste parcourt 15 kilomètres à l'heure pendant 3 heures ; il se repose pendant 1 heure ; il fait ensuite 13 kilomètres à l'heure pendant 4 heures ; quelle distance a-t-il parcourue ? quel temps a-t-il employé ?

**11.** Deux piétons vont à la rencontre l'un de l'autre ; le premier parcourt 5 042 mètres par heure ; le second en parcourt 4 980 ; ils se rencontrent au bout de 3 heures ; combien chacun d'eux a-t-il parcouru ? quelle distance les séparait au moment du départ ?

**12.** Un piéton part à 8 heures du matin de Paris et parcourt 5 kilomètres par heure ; un autre piéton part de Versailles à 10 heures et parcourt 4 kilomètres par heure ; la rencontre a lieu à 11 heures, quelle est la distance de Paris à Versailles ?

**13.** On ajoute 16 à un nombre inconnu ; la somme trouvée est 3 fois plus grande que le nombre 66 ; quel est le nombre inconnu ?

**14.** Un marchand a acheté 485 mètres de drap à 7 francs le mètre, et 342 mètres à 11 francs le mètre ; il a payé 142 francs de frais ; combien a-t-il réalisé de bénéfice en vendant le tout 9 243 francs ?

**15.** Trois personnes se partagent un héritage : la première reçoit 5 000 francs de plus que la seconde ; la troisième reçoit le double de la part de la seconde ; quel est le montant de l'héritage si la seconde personne a touché 6 000 francs de moins que la troisième ?

**16.** Un bassin reçoit de l'eau d'un robinet qui fournit 30 litres par heure ; un autre robinet laisse écouler du bassin 22 litres par heure ; le premier robinet étant ouvert à 8 heures du matin et le bassin contenant déjà 46 litres, on ouvre le second robinet à midi ; à deux heures, le bassin est rempli ; quelle est sa contenance totale ?

**17.** Deux trains partent le premier de Paris, le second de Lyon ; le premier marche à raison de 60 kilomètres à l'heure, le second à raison de 58 kilomètres à l'heure, sans tenir compte des arrêts ; le premier est parti à 6 heures du matin, le second à 8 heures ; après s'être rencontrés, ils sont à une distance l'un de l'autre égale à 80 kilomètres à 1 heure du soir, ayant perdu chacun 1 heure pendant les arrêts ; quelle est la distance de Paris à Lyon ?

**18.** Un train part de Paris à 9 heures du matin avec une vitesse de 75 kilomètres à l'heure, sans tenir compte des arrêts ; un autre train part de Marseille à 1 heure du soir et fait 65 kilomètres à l'heure, arrêts non compris ; le premier a eu deux heures d'arrêts, et le second 1 heure avant 6 heures du soir ; à quelle distance sont-ils l'un de l'autre à 6 heures du soir ? se sont-ils rencontrés ? la distance de Paris à Marseille est 864 kilomètres.

**19.** Une horloge retarde de 5 minutes par heure ; quelle heure marquera-t-elle le 3 mars à midi, si elle a été réglée le 25 février à midi, en supposant que l'on soit : 1° en 1903, 2° en 1904 ?

**20.** Deux cyclistes parcourent une piste de 2 385 mètres : le premier fait 365 mètres à la minute ; le second en fait 418. Combien le second a-t-il parcouru de plus que le premier au bout de 45 minutes ? Montrer que s'ils sont partis du même point, ils se retrouvent ensemble au bout de ce temps.

# CHAPITRE V

## DIVISION

**73.** Si l'on veut partager une somme de 18 francs entre 6 personnes, on pourra d'abord donner 1 franc à chacune d'elles; il restera 12 francs, sur lesquels on donnera encore 1 franc à chaque personne; enfin, les 6 francs qui resteront pourront être distribués en donnant encore 1 franc à chaque personne; de telle sorte que finalement, on aura épuisé les 18 francs en les répartissant en 6 parts de 3 francs.

Ce partage correspond à une opération sur les nombres 18 et 6, que l'on appelle la *division*; le nombre 18 est le *dividende*, le nombre 6, le *diviseur* et le nombre 3, le *quotient*; dans cette opération, nous avons trouvé un nombre 3 à l'aide duquel on peut reconstituer le dividende 18, en le multipliant par le diviseur 6; nous définirons la division de la manière suivante:

**74. Définition.** — La DIVISION *est une opération qui a pour but, étant donnés deux nombres, d'en trouver un troisième, s'il est possible, dont le produit par le second soit égal au premier.*

Le premier nombre est alors appelé DIVIDENDE, le second DIVISEUR et le troisième QUOTIENT.

**75.** L'opération ainsi définie n'est pas toujours possible; supposons que l'on ait à partager 20 francs entre 6 personnes; si l'on donne 3 francs à chacune d'elles, il restera encore 2 francs, que l'on ne pourra plus partager exactement; d'autre part, on ne peut pas donner 4 francs à chaque personne. Dans le cas actuel, il ne saurait plus être question de quotient au sens indiqué plus haut; mais comme un problème de ce genre se présente fréquemment on a étendu la définition de la manière suivante :

**76. Définitions.** — *On appelle* QUOTIENT PAR DÉFAUT A UNE UNITÉ PRÈS *d'un nombre par un autre, le plus grand nombre dont le produit par le second soit inférieur au premier.*

*Le premier nombre est le dividende et le second le diviseur.*

*On appelle* RESTE *la différence entre le dividende et le produit du diviseur par le quotient par défaut.*

Quand le reste n'existe pas, il y a un quotient exact; on dit que la division se fait exactement.

**77. Propriété.** — *Le reste est plus petit que le diviseur.*

Pour partager 20 francs entre 6 personnes, nous enlevons 6 francs de 20 francs, puis 6 francs des 14 francs restants, et nous continuons ainsi tant que l'opération est possible, c'est-à-dire tant qu'il y a plus de 6 francs dans la somme que l'on partage; on s'arrête quand la somme devient inférieure à 6 et cette dernière somme est alors le reste.

**78.** Les exemples qui précèdent fournissent un moyen simple de trouver le quotient et le reste par des soustractions successives, de même que la multiplication résultat d'additions successives; on peut parvenir aux mêmes résultats par un procédé plus rapide, que nous allons exposer, après avoir indiqué les notations usitées pour la division.

**79. Notation.** — On représente la division en écrivant le diviseur à la suite du dividende, et en plaçant entre ces nombres le signe :, qu'on lit *divisé par*.

Ainsi

$$48 : 6, \qquad 145 \quad 5$$

représentent les divisions de 48 par 6, de 145 par 5.

**80.** *Le nombre des chiffres du quotient est égal au nombre minimum de zéros qu'il faut ajouter à la droite du diviseur pour former un nombre qui ne soit pas inférieur au dividende.*

Ainsi, le quotient de 4 534 par 26 aura 3 chiffres ; si on ajoute 2 zéros à droite de 26, on obtient 2 600, qui est plus petit que 4 534 ; si on ajoute 3 zéros, on a 26 000, qui est plus grand que 4 534 ; c'est-à-dire que le dividende est compris entre 100 fois et 1 000 fois le diviseur ; le quotient est, par suite, compris entre 100 et 1 000 et a 3 chiffres.

**81. 1ᵉʳ cas.** — *Le quotient et le diviseur n'ont qu'un seul chiffre.*

On doit alors connaître par cœur les résultats ; on peut aussi les trouver à l'aide de la table de Pythagore.

Soit à diviser 15 par 3 ; nous cherchons dans la colonne qui commence par 3 le nombre 15 ; ce nombre étant dans la ligne qui commence par 5 est le produit de 3 par 5 ; 5 est donc le quotient exact.

Soit encore à diviser 15 par 4 ; dans la colonne qui commence par 4, nous ne trouvons pas le nombre 15, mais nous trouvons les deux nombres voisins 12 et 16, dont le premier est inférieur à 15, le second supérieur à 15 ; 12 est le produit de 4 par 3, 16, le produit de 4 par 4 ; il en résulte que 15 est compris entre 3 fois et 4 fois 4 ; 3 est le quotient par défaut.

**82. 2ᵉ cas.** — *Le diviseur est quelconque et le quotient n'a qu'un chiffre.*

Soit à diviser 423 par 65 ; nous disposerons l'opération comme ci-dessous :

$$
\begin{array}{r|l}
423 & 65 \\
\cline{2-2}
390 & 6 \\
\hline
33 &
\end{array}
$$

Je prends les plus hautes unités du diviseur ; ce sont les dizaines ; je divise 42, qui sont les dizaines du dividende par 6, dizaines du diviseur ; en 42 combien de fois 6 ? il y est 7 fois ; j'essaie 7 en multipliant 65 par 7 :

$$\begin{array}{r} 65 \\ 7 \\ \hline 455 \end{array}$$

Le produit 455 est plus grand que le dividende ; j'essaie 6 :

$$\begin{array}{r} 65 \\ 6 \\ \hline 390 \end{array}$$

Le produit 390 peut être retranché du dividende ; 6 est le quotient ; je l'écris au-dessous du diviseur, et j'écris 390 sous le dividende ; je fais ensuite la soustraction, qui donne 33.

Le quotient par défaut est 6 ; le reste est 33.

On peut énoncer la règle suivante :

RÈGLE. — *Pour trouver le quotient, lorsqu'il n'a qu'un chiffre, on divise par le chiffre des plus hautes unités du diviseur le nombre des mêmes unités du dividende ; on fait le produit du chiffre obtenu par le diviseur ; si le produit est plus petit que le dividende, on a trouvé le quotient ; sinon, on essaie le chiffre immédiatement inférieur, et on continue ainsi, jusqu'à ce que l'on ait trouvé un chiffre dont le produit par le diviseur soit inférieur au dividende.*

*On retranche alors ce produit du dividende, et on a le reste.*

83. Dans la pratique, on fait cette soustraction en même temps que la multiplication ; soit, par exemple, à diviser 4 854 par 515.

$$4\,854 \;\big|\; 5\,15$$
$$\phantom{4\,8}2\,19 \;\big|\; 9$$

Le quotient n'a qu'un chiffre, puisque 5 150 est supérieur à 4 854 ; nous dirons : en 48 combien de fois 5 ? il
y est 9 fois ; 9 fois 5, 45 ; 45 ôtés de 54, il reste 9 ; j'écris
9 et je retiens 5 ; 9 fois 1, 9 et 5 de retenue, 14 ; 14 ôtés
de 15, il reste 1 ; j'écris 1, et je retiens 1 ; 9 fois 5, 45 et
1 de retenue, 46 ; 46 ôtés de 48, il reste 2 ; j'écris 2.

Le quotient est 9 et le reste 219.

Il est facile de comprendre la suite de ces opérations ;
on a retranché 45 de 54 ; c'est-à-dire, que l'on a ajouté
5 dizaines au dividende ; en disant 9 et 5, 14, on a ajouté
5 dizaines au produit que l'on retranche, de sorte que la
différence n'a pas changé.

**84.** Il peut arriver, lorsque le premier chiffre essayé est
trop grand, qu'on le diminue de plusieurs unités, pour
obtenir plus rapidement le chiffre exact ; mais, on peut
ainsi trouver un chiffre trop petit ; on s'en apercevra, si le
reste est plus grand que le diviseur.

**85.** **3ᵉ cas : cas général.** — *Le dividende et le diviseur
sont des nombres quelconques.*

Soit à diviser 5 537 par 138 ; le quotient a deux
chiffres ; il contient des dizaines et des unités ; je divise les
453 dizaines du dividende par le diviseur 138, en
disposant l'opération comme ci-dessous :

$$
\begin{array}{r|l}
4\,537 & 138 \\
\underline{4\,14} & 32 \\
397 & \\
\underline{276} & \\
121 & \\
\end{array}
$$

et nous dirons : en 453 combien de fois 138 ? il y

est trois fois ; j'écris 3 sous le diviseur ; je fais le produit de 138 par 3 ; j'écris ce produit 414 sous 453 ; je fais la différence 39 de ces nombres, et j'abaisse 7 à droite de 39 ; en 397 combien de fois 138 ? il y est 2 fois ; j'écris 2 à droite du 3 écrit au quotient ; je forme le produit de 138 par 2 ; j'écris ce produit 276 au-dessous de 397, et je fais la différence 121.

Le quotient par défaut est 32 ; le reste 121.

**86.** Essayons de justifier cette opération. Nous voulons former avec 4 537 objets des groupes de 138 objets ; il y en aura plus de 10 et moins de 100 ; je réunis alors ces groupes 10 par 10, pour former des grands groupes, cherchons d'abord combien il y aura de ces derniers ; je remarque qu'ils contiennent tous 1 380 objets ; je dois donc d'abord répartir 4 537 objets en groupes de 1 380 : je puis d'abord mettre de côté 7 objets ; j'ai alors à diviser 4 530 par 1 380, ce qui revient à former avec 453 dizaines des groupes de 138 dizaines ; pour cela, je divise 453 par 138 ; j'obtiens 3 et il reste 39 dizaines ; c'est-à-dire, moins de 138 dizaines ; si je remets maintenant les 7 objets négligés, je ne formerai pas un nombre de dizaines plus grand que 39 ; par suite, il est impossible de trouver dans les 397 objets qui restent un seul grand groupe ; je partage les 397 en groupes de 138, en divisant 397 par 138 ; le quotient est 2, le reste 121.

En résumé, j'ai formé 3 grands groupes, 2 petits groupes et il reste 121 objets ; chaque grand groupe contient 10 petits groupes ; il y a donc en tout 32 petits groupes ; ce qui montre que le quotient est 32 et le reste 121.

On peut remarquer que, une fois trouvé le chiffre des dizaines, on est assuré que ce chiffre est exact, comme cela résulte de ce qui précède ; il n'est certainement pas trop grand.

**87.** RÈGLE. — *On sépare à gauche du dividende assez de chiffres pour former un nombre supérieur au diviseur et inférieur à dix fois le diviseur ; on divise ce nombre par le diviseur, et on retranche de ce premier dividende partiel le produit du diviseur par le chiffre obtenu au quotient.*

*On écrit à la droite de ce reste le premier chiffre négligé au dividende ; on forme ainsi un second dividende partiel, que l'on divise par le diviseur ; on en retranche le produit du diviseur par le chiffre obtenu au quotient ; on écrit à la droite de ce reste le second chiffre négligé au dividende et ainsi de suite, jusqu'à ce qu'on ait employé tous les chiffres du dividende ; le dernier reste obtenu est le reste de la division.*

*Si un dividende partiel est inférieur au diviseur, on écrit zéro au quotient et on abaisse de suite le chiffre suivant du dividende.*

**88.** Appliquons cette règle à la division de 43 897 par 417.

$$\begin{array}{r|l} 43\,897 & 417 \\ 2\,197 & 105 \\ 112 & \end{array}$$

Je sépare 3 chiffres à gauche ; en 438 combien de fois 417 ? il y est 1 fois ; 7 ôtés de 8, il reste 1 ; 1 ôté de 3, il reste 2 ; 4 ôtés de 4, il reste 0 ; j'abaisse 9 ; en 219, combien de fois 417 ? il n'y est pas, j'écris 0 au quotient et j'abaisse 7 ; en 2 197, combien de fois 517 ? il y est 5 fois ; j'écris 5 au quotient ; 5 fois 7, 35 ; 35 de 37, reste 2 et je retiens 3 ; 5 fois 1, 5 et 3 de retenue, 8 ; 8 de 9, reste 1 ; 5 fois 4, 20 ; 20 de 21, reste 1.

Le quotient est 105 ; le reste est 112.

Nous avons, dans cet exemple, effectué en même temps les soustractions et les multiplications ; avec un peu d'habitude on arrive très facilement à éviter ainsi d'écrire les produits partiels, que l'on doit retrancher ensuite.

**89. REMARQUE.** — *Si le dividende et le diviseur sont terminés par des zéros, on peut supprimer autant de zéros dans un nombre que dans l'autre et faire la division des* *deux nouveaux nombres ; le quotient ne change pas ; mais le reste ancien se déduit du nouveau en ajoutant à sa droite autant de zéros qu'on en a supprimé au diviseur.*

Soit à diviser 4 500 par 70, je fais la division de 450 par 7 ; le quotient est 64 et le reste 2 ; le quotient de 4 500 par 70 sera 64 et le reste 20.

On comprend pourquoi il en est ainsi en remarquant que grouper 4 500 objets par groupes de 70, c'est grouper 450 dizaines par groupes de 7 dizaines ; on forme donc 64 groupes de 7 dizaines et il reste 2 dizaines ; on a donc groupé 4 500 objets en 64 groupes de 70 objets et il reste 20 objets.

**90. Preuve.** — Pour faire la preuve de la division, on multiplie le diviseur par le quotient et on ajoute le reste à ce produit ; on doit retrouver le dividende.

**91. Propriétés.** — Je terminerai en indiquant quelques propriétés qui sont souvent utiles :

$1^o$ *Le quotient d'un produit de plusieurs facteurs par un des facteurs s'obtient en supprimant ce facteur.*

Le quotient de $4 \times 7 \times 5$ par 7 est $4 \times 5$.

$2^o$ *Le quotient d'un nombre par un produit de plusieurs facteurs peut être obtenu en divisant le nombre par le premier facteur, le quotient obtenu par le second facteur, et ainsi de suite.*

*Il n'en est pas de même pour le reste.*

Soit à diviser 753 par $3 \times 7$ ; le quotient de 753 par 3 est 251 ; le quotient de 251 par 7 est 35 ; le quotient de 753 par 21, produit de 3 par 7, est également 35.

## Notions sur la divisibilité.

**92. Définitions.** — On dit qu'un nombre A est *divi-*

*sible* par un nombre B, si la division du premier par le second se fait exactement ; le nombre A est alors appelé un *multiple* de B ; le nombre B est appelé un *diviseur* ou un *sous-multiple* de A.

15 est divisible par 3 ; c'est un multiple de 3 ; 3 est un diviseur de 15.

Pour savoir si un nombre est diviseur d'un autre, il suffit de faire la division ; nous allons indiquer quelques cas où on peut éviter de faire cette division.

**93.** 1° *Un nombre est divisible par* 10, 100, 1 000,... *s'il est terminé par* 1, 2, 3... *zéros.*

Ainsi, 45 000 est divisible par 1 000.

2° *Un nombre est divisible par* 2 *s'il est terminé par* 0, 2, 4, 6 *ou* 8.

46, 78, 450 sont divisibles par 2.

31, 25, 47 ne sont pas divisibles par 2.

Les nombres divisibles par 2 sont des nombres *pairs* ; les nombres non divisibles par 2 sont *impairs*.

3° *Un nombre est divisible par* 5 *s'il est terminé par* 0 *ou* 5.

40, 35 sont divisibles par 5.

28, 32, 117 ne sont pas divisibles par 5.

4° *Un nombre est divisible par* 3 *si la somme de ses chiffres est divisible par* 3 ; *même règle pour la divisibilité par* 9.

45, 36, 144 sont divisibles par 9 puisque la somme des chiffres est 9.

33, 147, 393 sont divisibles par 3, mais ne sont pas divisibles par 9.

**94. Définition.** — *Si un nombre n'est divisible par aucun autre, on dit qu'il est* PREMIER.

2, 3, 5, 7, 11, 13, 17, 19 sont des nombres premiers.

**95.** Quand un nombre n'est pas premier, on peut le décomposer en un produit de facteurs premiers. Pour cela, on essaie s'il est divisible par 2 ; si cela a lieu, on fait le quotient ; on cherche si ce quotient est encore divisible par 2 ; on fait le nouveau quotient et on continue jusqu'à ce qu'on trouve un nombre non divisible par 2 ; on essaie alors 3 et ainsi de suite en n'essayant jamais de nombres déjà essayés ; les seuls diviseurs que l'on emploie doivent être des nombres premiers ; voici ces nombres jusqu'à 100 :

$$2 \quad 3 \quad 5 \quad 7 \quad 11 \quad 13 \quad 17 \quad 19 \quad 23 \quad 29 \quad 31$$
$$37 \quad 41 \quad 43 \quad 47 \quad 53 \quad 59 \quad 61 \quad 67 \quad 71 \quad 73 \quad 79$$
$$83 \quad 89 \quad 97.$$

A l'aide de cette table, décomposons le nombre 450 ; nous écrivons 450 et nous mettons une ligne à droite ;

$$
\begin{array}{r|l}
450 & 2 \\
225 & 3 \\
75 & 3 \\
25 & 5 \\
5 & 5 \\
1 &
\end{array}
$$

2 divise 450 ; j'écris 2 à droite et au-dessous de 450 le quotient 225 ; 2 ne divise pas 225 ; j'essaie 3 ; la somme des chiffres est $2 + 2 + 5 = 9$ ; le nombre 9 et, par suite 225 est divisible par 3 ; j'écris 3 à droite et le quotient 75 de 225 par 3 au-dessous de 225 ; la somme des chiffres $7 + 5$ de 75 est 12 qui est divisible par 3 ; j'écris 3 à droite et le quotient 25 de 75 par 3 au-dessous de 75 ; 25 n'est pas divisible par 3 ; j'essaie 5 ; le quotient est 5 ; j'écris 5 à droite et 5 au-dessous ; enfin, j'écris 5 à droite et 1 au-dessous ; on a alors

$$450 = 2 \times 3 \times 3 \times 5 \times 5,$$

ou encore

$$450 = 2 \times 3^2 \times 5^2.$$

On a décomposé 450 en produit de facteurs premiers.
Soit encore 19 992.

$$
\begin{array}{r|l}
19\,992 & 2 \\
9\,996 & 2 \\
4\,998 & 2 \\
2\,499 & 3 \\
833 & 7 \\
119 & 7 \\
17 & 17 \\
1 &
\end{array}
$$

On a donc

$$19\,992 = 2 \times 2 \times 2 \times 3 \times 7 \times 7 \times 17$$

ou

$$19\,992 = 2^3 \times 3 \times 7^2 \times 17.$$

**96. Plus grand commun diviseur.** — Si l'on considère les nombres 18, 6, 12, ils ont pour diviseurs communs les nombres 2, 3, 6 ; il est manifeste que si plusieurs nombres ont des diviseurs communs, ces diviseurs, ne pouvant surpasser ces nombres, n'augmentent pas sans limite : il y en a un qui est plus grand que tous les autres ; on le trouve par le procédé suivant :

*Le plus grand commun diviseur de plusieurs nombres est le produit de tous les facteurs premiers communs à tous ces nombres, chaque facteur étant pris avec son plus faible exposant.*

Ainsi, les nombres 450 et 19 992 ont les facteurs premiers communs 2 et 3 ; 2 ayant l'exposant 1 dans 450 et l'exposant 3 dans 19 992, nous prendrons 2 avec l'exposant 1 ; on voit de même qu'il faut prendre 3 avec l'exposant 1 ; le plus grand commun diviseur est $2 \times 3 = 6$.

*Si deux nombres ont 1 pour plus grand commun diviseur, ils sont dits* PREMIERS ENTRE EUX.

**97. Plus petit commun multiple.** — Les nombres 3 et 5 ont pour multiples communs 15, 30…; tous ces multiples n'étant pas inférieurs aux nombres donnés, on doit en trouver un qui est plus petit que tous les autres:

*Le plus petit commun multiple de plusieurs nombres est le produit de tous les facteurs premiers communs ou non communs pris avec leur plus grand exposant.*

Soient les nombres

$$40 = 2^3 \times 5, \quad 30 = 2 \times 3 \times 5, \quad 45 = 3^2 \times 5.$$

Nous prendrons les facteurs 2, 3, 5, le premier avec l'exposant 3, le second avec l'exposant 2, le dernier avec l'exposant 1 ; le plus petit commun multiple est

$$2^3 \times 3^2 \times 5 = 360.$$

**98. Exemples. I.** — *Deux sacs contiennent, l'un 45 billes, l'autre 18 billes ; on veut répartir d'une part ces 45 billes, d'autre part ces 18 billes en sacs de même contenance ; combien y aura-t-il de billes au plus dans chaque nouveau sac ?*

Le nombre cherché doit diviser à la fois 45 et 18 pour que les deux partages soient possibles ; il doit être le plus grand possible ; c'est donc le plus grand commun diviseur de 45 et 18 ; je décompose 45 et 18 en produits de facteurs premiers.

$$
\begin{array}{c|c} \quad\quad 45 & 3 \\ 15 & 3 \\ 5 & 5 \\ 1 & \end{array}
\qquad
\begin{array}{c|c} 18 & 2 \\ 9 & 3 \\ 3 & 3 \\ 1 & \end{array}
$$

$$45 = 3^2 \times 5, \quad 18 = 2 \times 3^2.$$

Le nombre cherché est 9.

**II.** — *Deux mobiles parcourent une circonférence de cercle ; le premier décrit toute la circonférence en 15 mi-*

nutes, *le second la décrit en 18 minutes ; ils partent du même point ; au bout de combien de temps seront-ils de nouveau ensemble au point de départ ?*

Le premier revient au point de départ au bout de 1 fois, 2 fois,... 15 minutes ; le second revient au point de départ au bout de 1 fois, 2 fois,... 18 minutes.

Le temps cherché sera donc exprimé par un nombre de minutes qui est à la fois multiple de 15 et de 18 ; la première rencontre aura lieu au bout d'un nombre de minutes donné par le plus petit commun multiple de 15 et 18 ; je décompose 15 et 18.

$$
\begin{array}{c|c} 15 & 3 \\ 5 & 5 \\ 1 & \end{array}
\qquad
\begin{array}{c|c} 18 & 2 \\ 9 & 3 \\ 3 & 3 \\ 1 & \end{array}
$$

$$15 = 3 \times 5 \qquad 18 = 2 \times 3^2.$$

Le nombre cherché est

$$2 \times 3^2 \times 5 = 90.$$

Le premier aura fait 6 tours et le second 5.

## QUESTIONS

1. Définir la division.

2. Définir le dividende, le diviseur, le reste.

3. Définir le quotient par défaut, le quotient.

4. Quelle est la plus grande valeur du reste ?

5. On augmente le dividende du double du diviseur ; que deviennent le quotient par défaut et le reste ?

6. Dans une division, le reste est 42, et le diviseur est plus petit que 44 ; quel est-il ?

7. On ajoute au dividende la différence entre le diviseur et le reste ; que devient le quotient ?

8. Comment trouve-t-on le nombre des chiffres du quotient ?

9. Énoncer la règle de la division.

10. Comment peut-on faire si le dividende et le diviseur sont terminés par des zéros ?

11. Comment fait-on la preuve ?

12. Qu'appelle-t-on multiple d'un nombre ?

13. Qu'appelle-t-on diviseur d'un nombre ?

14. Qu'appelle-t-on nombre premier ?

15. Qu'appelle-t-on nombre pair ? — nombre impair ?

16. Comment sont terminés les nombres pairs ?

17. A quoi reconnaît-on qu'un nombre est divisible par 5 ? — par 10 ? — par 3 ? — par 9 ?

18. Comment peut-on décomposer un nombre en un produit de facteurs premiers ?

19. Comment trouve-t-on le plus grand commun diviseur des nombres ?

20. Comment trouve-t-on leur plus petit commun multiple ?


## EXERCICES DE CALCUL MENTAL

1. Trouver les quotients et les restes des divisions suivantes :

$$18 : 3, \quad 28 : 4, \quad 35 : 7, \quad 81 : 9,$$
$$14 : 3, \quad 21 : 6, \quad 43 : 8, \quad 40 : 7.$$

2. Trouver les quotients et les restes des divisions suivantes :

$$450 : 50, \quad 360 : 90, \quad 480 : 80,$$
$$330 : 70, \quad 430 : 60, \quad 350 : 90.$$

3. Trouver les quotients et les restes des divisions suivantes :

$$484 : 2, \quad 375 : 3, \quad 645 : 5,$$
$$378 : 4, \quad 644 : 5, \quad 8\,945 : 7.$$

4. Trouver les quotients des divisions suivantes :

$$(3 \times 11 \times 7) : 11, \quad (4 \times 8 \times 13) : 13, \quad (6 \times 5 \times 17) : 5,$$
$$143 : (3 \times 5), \quad 284 : (9 \times 6), \quad 453 : (6 \times 8).$$

**5.** Reconnaître si les nombres suivants sont divisibles par 2, 5, 3 ou 9 :

$$456, \quad 845, \quad 6\,318, \quad 458, \quad 345,$$
$$1\,040, \quad 240, \quad 990, \quad 3\,048, \quad 20\,971.$$

## EXERCICES ÉCRITS ET PROBLÈMES

**1.** Effectuer les divisions suivantes :

$$4\,508 : 495, \quad 45\,378 : 3\,942, \quad 64\,534 : 243,$$
$$50\,042 : 249, \quad 604\,867 : 5\,903, \quad 6\,784\,967 : 6\,583.$$

**2.** Décomposer en produits de facteurs premiers les nombres :

$$360, \quad 1\,008, \quad 8\,712, \quad 1\,568, \quad 7\,488, \quad 6\,534, \quad 11\,560.$$

**3.** Trouver le plus grand commun diviseur et le plus petit commun multiple des nombres

| | | | |
|---|---|---|---|
| 1° | 45, | 36, | 63 ; |
| 2° | 180, | 750, | 3 030 ; |
| 3° | 360, | 450, | 504 ; |
| 4° | 1 008, | 560, | 8 712 ; |
| 5° | 7 488, | 6 534, | 11 560 ; |
| 6° | 148, | 560, | 252, 462. |

**4.** Une pièce de drap a coûté 289 francs; combien coûte le mètre, sachant qu'elle contient 17 mètres?

**5.** Quels nombres faut-il retrancher de 134 pour obtenir des multiples de 21?

**6.** On veut répartir 3 645 francs entre 6 personnes, en donnant à chacune d'elles le même nombre de francs; le partage est-il possible? combien recevra chaque personne et combien restera-t-il, si le partage est impossible?

**7.** Un train a mis 14 heures à franchir 504 kilomètres; il a eu 2 heures d'arrêts; quelle distance parcourt-il en 1 heure sans arrêt?

**8.** Combien y a-t-il de dimanches dans une année? ce nombre est-il fixe?

**9.** Partager 54 897 francs entre deux personnes, de manière que la première ait 345 francs de plus que la seconde.

**10.** Partager 46 845 francs entre trois personnes, de manière que la première ait 648 francs de plus que la seconde, et la seconde 348 francs de plus que la troisième.

**11.** Deux règles ont 145 centimètres et 205 centimètres de longueur ; on veut les diviser en parties qui ont toutes la même longueur ; quelle sera la plus grande longueur de chacune des parties, sachant que chaque partie contient un nombre exact de centimètres ? Combien chaque règle renferme-t-elle de ces parties ?

**12.** Trois sacs de billes en renferment respectivement 247, 326, 375. On prend 7 billes dans chaque sac et on forme un groupe de 11 billes ; on recommence l'opération autant de fois que cela est possible. Combien aura-t-on retiré de billes ? combien en restera-t-il dans chaque sac ?

**13.** Trois sacs de billes en renferment respectivement 471, 583, 592. On prend 6 billes dans le premier, 7 billes dans le second et 8 dans le troisième ; on recommence l'opération autant de fois que cela est possible. Combien a-t-on retiré de billes ? avec les billes qui restent, combien peut-on remplir de sacs de 23 billes ?

**14.** Trois coureurs parcourent une piste circulaire, le premier en 324 secondes, le second en 360 secondes, le troisième en 396 secondes ; ils partent du même point ; au bout de combien de temps seront-ils tous les trois ensemble au point de départ ? Combien chacun d'eux aura-t-il fait de tours de piste ?

**15.** On a acheté 105 kilogrammes de café à 6 francs le kilogramme, 82 kilogrammes de thé à 18 francs le kilogramme, et 60 kilogrammes de chocolat ; on a payé le tout 2 526 francs ; quel est le prix du kilogramme de chocolat ?

**16.** Une fontaine fournit 420 litres en 5 heures ; une seconde fontaine en fournit 357 en 7 heures ; une troisième en fournit 528 en 8 heures ; combien ces trois fontaines coulant ensemble mettront-elles d'heures à remplir un réservoir contenant 3 015 litres ?

**17.** Un réservoir est alimenté par deux robinets qui fournissent, le premier 72 litres par heure, le second, 240 litres en 3 heures ; un robinet laisse échapper du réservoir 58 litres par heure ; le réservoir a une contenance de 774 litres ; on ouvre les deux premiers robinets pendant 2 heures ; puis, on ouvre le troisième robinet, sans fermer les premiers ; au bout de combien de temps le réservoir sera-t-il rempli, s'il était vide primitivement ?

**18.** Partager 3 357 francs entre trois personnes de manière que la première ait le double de la part de la seconde et que la part de la troisième soit inférieure de 453 francs à la somme des parts des deux premières.

**19.** Trouver trois nombres, sachant que la somme des deux premiers est 1 425, la somme du premier et du troisième 1 191, la somme des deux derniers 1 330.

**20.** Un vapeur de guerre est à la poursuite d'un vaisseau marchand ; la distance qui les sépare est 33 336 mètres. On demande combien de temps durera la poursuite, sachant que le vapeur parcourt 14 milles marins par heure, et le vaisseau marchand 8. Le mille marin vaut 1 852 mètres.

**21.** Un père a 43 ans, son fils en a 11 ; dans combien de temps l'âge du père sera-t-il triple de l'âge du fils ?

**22.** On ajoute 2 à un nombre ; on multiplie le résultat obtenu par 6 ; on obtient ainsi 54 ; quel est le nombre primitif ?

**23.** Le carré d'un nombre est 289 ; son cube est 4 913 ; quel est ce nombre ?

**24.** On achète des objets à raison de 36 francs la douzaine ; on reçoit gratis un treizième objet pour chaque douzaine ; on revend chaque objet 4 francs et on fait un bénéfice de 64 francs ? Combien a-t-on acheté de douzaines ?

# LIVRE II

# FRACTIONS

---

## CHAPITRE I

### DÉFINITIONS ET PROPRIÉTÉS PRINCIPALES

**99.** Nous avons vu que le nombre qui sert à représenter une collection peut aussi dans certains cas représenter une grandeur dont il est la mesure ; c'est ainsi qu'on dit qu'une ligne a 3 mètres ; mais, il y a des longueurs qu'on ne peut pas former en ajoutant un certain nombre de mètres ; ces lignes ne peuvent être mesurées par les nombres que nous avons considérés jusqu'ici ; il en est de même pour toutes les grandeurs.

**100.** Pour simplifier, nous considérerons des longueurs ; prenons une longueur AB, qui sera *l'unité* choisie une fois pour toutes et à laquelle nous comparerons toutes les autres. Soit CD une autre longueur ; portons AB sur CD et supposons qu'on couvre CD complètement, sans dépasser le point D en plaçant 3 fois AB sur CD ; nous dirons, comme on l'a déjà fait (4), que 3 est la mesure de CD, et il suffira de connaître cette mesure 3 pour reconstituer CD à l'aide de l'unité AB.

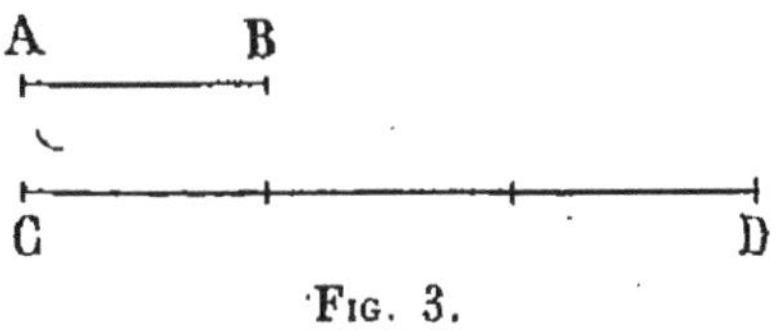

Fig. 3.

**101.** En général, on ne pourra pas couvrir exactement CD, sans dépasser le point D, en plaçant bout à bout des longueurs AB; on partagera alors AB en plusieurs parties égales, par exemple 5 et on essayera de couvrir CD à l'aide des subdivisions de AB : je suppose que l'on y parvienne en portant 13 fois cette subdivision sur CD; si alors on donne les nombres 13 et 5, on saura que pour former CD, on doit diviser AB en 5 parties égales, puis ajouter 13 longueurs égales à chacune de ces parties.

La réunion de ces nombres 13 et 5 est une *fraction*; pour distinguer 13 et 5 on appelle le premier *numérateur*, le second *dénominateur*, et on écrit le second au-dessous du premier en les séparant par un trait $\dfrac{13}{5}$ ; c'est la mesure de CD. Les nombres considérés jusqu'ici sont dits *entiers*.

**102. Définition.** — *Une* FRACTION *est l'ensemble de de . . . . . . . . . entiers qui représente une grandeur; le second nombre indique en combien de parties égales on a divisé l'unité; le premier exprime combien la grandeur considérée contient de ces parties.*

Le premier nombre est appelé NUMÉRATEUR, le second est appelé DÉNOMINATEUR.

Le numérateur et le dénominateur sont les deux *termes* de la fraction.

**103.** Pour lire une fraction, on énonce successivement le numérateur et le dénominateur en faisant suivre ce dernier de la terminaison *ième*.

Ainsi $\dfrac{3}{5}$ s'énonce *trois cinquièmes* ;

$\dfrac{4}{11}$ s'énonce *quatre onzièmes*.

Il y a exception pour les dénominateurs 2, 3, 4; on

remplace les mots deuxième, troisième, quatrième, par *demi, tiers, quart.*

Ainsi $\dfrac{11}{3}$ s'énonce *onze tiers* ;

$\dfrac{7}{4}$ s'énonce *sept quarts.*

104. Nous avons vu que quand on connaissait le nombre qui mesure une longueur on pouvait trouver cette longueur, et qu'elle était seule à être représentée par ce nombre ; voyons si inversement il n'y a qu'un nombre susceptible de représenter une longueur.

La longueur représentée par $\dfrac{13}{5}$ est formée par 13 fois la cinquième partie de AB ; nous pouvons diviser cette cinquième partie en 2 parties égales ; chacune sera contenue 10 fois dans l'unité de longueur AB et 26 fois dans la longueur CD ; par conséquent, CD peut encore être représentée par $\dfrac{26}{10}$.

*Deux fractions sont égales, si elles représentent la même grandeur. Si la grandeur est représentée par un entier, on peut l'écrire sous forme de fraction de dénominateur 1.*

105. *On obtient une fraction égale à une fraction, en multipliant ses deux termes par un même nombre entier.*

Ainsi $\dfrac{3 \times 5}{7 \times 5}$ ou $\dfrac{15}{35}$ est égale à $\dfrac{3}{7}$.

La seconde représente la grandeur formée par 3 fois la septième partie de l'unité ; si on divise ce septième en 5 parties égales, on aura des trente-cinquièmes, qui sont 5 fois plus petits ; il faudra donc en prendre 5 fois plus pour constituer la même grandeur.

**106.** *On obtient une fraction égale à une fraction en divisant ses deux termes par un même diviseur.*

Ainsi $\dfrac{3}{7}$ est égale à $\dfrac{15}{35}$, comme on vient de le montrer.

## Simplification des fractions.

**107.** *Simplifier une fraction, c'est la remplacer par une fraction égale qui ait ses termes plus petits que ceux de la première.*

Pour cela, il *suffira de diviser ses deux termes par un même nombre.*

Pour simplifier $\dfrac{3\,450}{3\,600}$, on divise d'abord les deux termes par 10, il vient

$$\frac{345}{360},$$

on peut ensuite diviser les deux termes par 3, il vient

$$\frac{115}{120}.$$

En divisant ensuite par 5, il vient

$$\frac{23}{24}.$$

**108. Définition.** — *On appelle fraction* IRRÉDUCTIBLE, *une fraction qu'on ne peut pas simplifier;* on reconnaît qu'une fraction est irréductible à ce que ses termes sont premiers entre eux.

*Réduire une fraction à sa plus simple expression,* c'est trouver la fraction irréductible qui lui est égale.

Pour trouver cette fraction, on *divisera les deux termes par leur plus grand commun diviseur.*

Soit à simplifier la fraction $\dfrac{360}{450}$.

Je décompose 360 et 450 en facteurs premiers

| 360 | 2 | | 450 | 2 |
|---|---|---|---|---|
| 180 | 2 | | 225 | 3 |
| 90 | 2 | | 75 | 3 |
| 45 | 3 | | 25 | 5 |
| 15 | 3 | | 5 | 5 |
| 5 | 5 | | 1 | |
| 1 | | | | |

$$360 = 2^3 \times 3^2 \times 5, \qquad 450 = 2 \times 3^2 \times 5^2.$$

Le plus grand commun diviseur est

$$2 \times 3^2 \times 5 = 90.$$

Je divise 360 par 90, le quotient est 4 ; 450 par 90, le quotient est 5 ; la fraction cherchée est

$$\frac{4}{5}.$$

## Réduction au même dénominateur.

**109. Définition.** — *Réduire des fractions au même dénominateur, c'est les remplacer par des fractions qui leur soient respectivement égales, et qui aient toutes le même dénominateur.*

Soient les deux fractions $\frac{4}{5}$ et $\frac{3}{7}$.

Je multiplie les deux termes de la première par 7 ; j'ai la fraction $\frac{28}{35}$ qui est égale à $\frac{4}{5}$. Je multiplie les deux termes de la seconde par 5 ; j'ai la fraction $\frac{15}{35}$, qui est égale à $\frac{3}{7}$ ; les deux nouvelles fractions ont bien le même dénominateur, produit de 5 par 7 ou de 7 par 5.

On peut répéter ce raisonnement pour plusieurs fractions, ce qui conduit à la règle suivante :

**110. Règle.** — *Pour réduire plusieurs fractions au même dénominateur, on multiplie les termes de chaque fraction par les dénominateurs de toutes les autres.*

Soient les fractions

$$\frac{3}{4}, \quad \frac{2}{5}, \quad \frac{4}{7}, \quad \frac{8}{9}.$$

On écrira

$$\frac{3}{4} = \frac{3 \times 5 \times 7 \times 9}{4 \times 5 \times 7 \times 9} = \frac{945}{1\,260},$$

$$\frac{2}{5} = \frac{2 \times 4 \times 7 \times 9}{5 \times 4 \times 7 \times 9} = \frac{504}{1\,260},$$

$$\frac{4}{7} = \frac{4 \times 4 \times 5 \times 9}{7 \times 4 \times 5 \times 9} = \frac{720}{1\,260},$$

$$\frac{8}{9} = \frac{8 \times 4 \times 5 \times 7}{9 \times 4 \times 5 \times 7} = \frac{1\,120}{1\,260}.$$

**111. Réduction au plus petit commun dénominateur.** — On peut quelquefois effectuer cette réduction en trouvant des fractions plus simples que celles que l'on obtient par la règle précédente.

**Règle.** — *Pour réduire des fractions au plus petit commun dénominateur, on réduit ces fractions à leur plus simple expression ; on cherche le plus petit commun multiple des dénominateurs de ces fractions irréductibles, c'est le dénominateur commun ; pour avoir le numérateur d'une fraction nouvelle, on divise le dénominateur commun par l'ancien dénominateur, et on multiplie l'ancien numérateur par le quotient obtenu.*

Soient les fractions :

$$\frac{14}{35}, \quad \frac{6}{45}, \quad \frac{13}{63}.$$

Je réduis ces fractions à leur plus simple expression.

$$\frac{2}{5}, \quad \frac{2}{15}, \quad \frac{13}{63}.$$

Les dénominateurs sont, décomposés en facteurs premiers :

$$5, \quad 3 \times 5, \quad 3^2 \times 7.$$

Le plus petit commun multiple est

$$3^2 \times 5 \times 7 = 315.$$

Le quotient de 315 par  5 est 63;
Le quotient de 315 par 15 est 21;
Le quotient de 315 par 63 est  5.

Les fractions nouvelles sont

$$\frac{2 \times 63}{315}, \quad \frac{2 \times 21}{315}, \quad \frac{13 \times 5}{315},$$

ou

$$\frac{126}{315}, \quad \frac{42}{315}, \quad \frac{65}{315}.$$

## Comparaison des fractions.

112. On dit qu'une fraction est plus grande qu'une autre fraction, si la grandeur représentée par la première fraction est plus grande que la grandeur représentée par la seconde.

Si deux fractions ont même dénominateur, il est manifeste que la plus grande est celle qui a le plus grand numérateur.

Exemple : $\frac{4}{5}$ est plus grande que $\frac{3}{5}$.

Si les fractions n'ont pas même dénominateur, on les réduit au même dénominateur et on compare les nouveaux numérateurs.

Pour comparer $\frac{17}{21}$ et $\frac{13}{15}$, je cherche le plus petit commun multiple de 15 et 21 ; c'est 105.

On a lors :

$$\frac{17}{21} = \frac{17 \times 5}{105} = \frac{85}{105},$$

$$\frac{13}{15} = \frac{13 \times 7}{105} = \frac{91}{105}.$$

91 étant plus grand que 85, la seconde fraction est plus grande que la première.

## QUESTIONS

**1.** Définir une fraction, le numérateur, le dénominateur.

**2.** Comment écrit-on une fraction ?

**3.** Comment lit-on une fraction ?

**4.** Une fraction peut-elle représenter plusieurs longueurs, si l'on a choisi une unité de longueur fixe ?

**5.** Une même grandeur peut-elle être mesurée par plusieurs fractions ?

**6.** Si une longueur est mesurée par un nombre entier, quelles sont les fractions qui peuvent la représenter ?

**7.** Qu'arrive-t-il si on multiplie les deux termes d'une fraction par un même nombre entier ?

**8.** Qu'appelle-t-on fraction irréductible ?

**9.** Comment simplifie-t-on une fraction ?

**10.** Comment réduit-on une fraction à sa plus simple expression ?

**11.** Qu'est-ce que réduire des fractions au même dénominateur ?

**12.** Énoncer la règle.

**13.** Énoncer la règle pour réduire des fractions au plus petit commun dénominateur ?

**14.** Qu'est-ce qu'une fraction plus grande qu'une autre ?

**15.** Comment peut-on comparer deux fractions ?

**16.** Comment peut-on comparer une fraction et un nombre entier ?

**17.** Peut-on remplacer des fractions par des fractions égales aux premières et qui aient toutes le même numérateur ?

**18.** Peut-on comparer des fractions qui ont même numérateur, sans les réduire au même dénominateur ?

## EXERCICES DE CALCUL MENTAL

**1.** Lire les fractions :
$$\frac{14}{65}, \quad \frac{148}{231}, \quad \frac{164}{178}, \quad \frac{263}{145}.$$

**2.** Indiquer des fractions égales aux fractions :
$$\frac{3}{5}, \quad \frac{2}{7}, \quad \frac{4}{11}, \quad \frac{6}{19}, \quad \frac{4}{15}, \quad \frac{23}{42};$$
$$\frac{4}{8}, \quad \frac{9}{36}, \quad \frac{15}{25}, \quad \frac{40}{100}, \quad \frac{80}{320}, \quad \frac{42}{64}.$$

**3.** Comparer les fractions :
$$\frac{3}{5} \text{ et } \frac{2}{5}, \quad \frac{17}{23} \text{ et } \frac{19}{23}, \quad \frac{45}{132} \text{ et } \frac{46}{132},$$
$$\frac{4}{7} \text{ et } \frac{4}{9}, \quad \frac{15}{13} \text{ et } \frac{9}{13}, \quad \frac{148}{265} \text{ et } \frac{132}{265},$$
$$\frac{3}{7} \text{ et } \frac{2}{9}, \quad \frac{14}{17} \text{ et } \frac{13}{19}, \quad \frac{148}{165} \text{ et } \frac{324}{37}.$$

## EXERCICES ÉCRITS ET PROBLÈMES

**1.** Simplifier les fractions :
$$\frac{165}{315}, \quad \frac{280}{126}, \quad \frac{453}{1263}, \quad \frac{4800}{6930}.$$
$$\frac{9450}{10800}, \quad \frac{3510}{8190}, \quad \frac{1250}{2150}, \quad \frac{27300}{58800}.$$

**2.** Réduire au même dénominateur :

1° $\dfrac{4}{5}, \quad \dfrac{3}{7}, \quad \dfrac{2}{11};$  2° $\dfrac{4}{9}, \quad \dfrac{5}{11}, \quad \dfrac{3}{13};$

3° $\dfrac{11}{17}, \quad \dfrac{9}{15}, \quad \dfrac{13}{27};$  4° $\dfrac{5}{61}, \quad \dfrac{13}{47}, \quad \dfrac{9}{51}.$

**3.** Réduire au plus petit commun dénominateur :

1° $\dfrac{13}{60}, \quad \dfrac{11}{148}, \quad \dfrac{5}{360};$  2° $\dfrac{31}{155}, \quad \dfrac{4}{630}, \quad \dfrac{17}{450};$

3° $\dfrac{18}{120}, \quad \dfrac{14}{35}, \quad \dfrac{2}{63};$  4° $\dfrac{144}{360}, \quad \dfrac{216}{405}, \quad \dfrac{324}{567}.$

**4.** Comparer les fractions

$$\frac{141}{325} \quad \text{et} \quad \frac{245}{630}, \qquad \frac{483}{972} \quad \text{et} \quad \frac{32}{58}.$$

**5.** Classer les fractions

$$\frac{1}{2}, \quad \frac{2}{3}, \quad \frac{3}{4}, \quad \frac{5}{7}, \quad \frac{11}{9}.$$

**6.** Trouver la fraction égale à $\frac{3}{7}$ et ayant pour dénominateur 63.

**7.** Trouver la fraction égale à $\frac{11}{19}$ et ayant pour numérateur 77.

**8.** Trouver la fraction égale à $\frac{6}{11}$ et telle que la somme de ses termes soit 51.

**9.** Trouver la fraction égale à $\frac{45}{61}$ et telle que la différence de ses termes soit 80.

**10.** Par quel nombre est représentée une longueur de 18 mètres si l'on prend pour unité une longueur de 5 mètres ?

**11.** Quelle fraction représente la durée du mois de janvier si l'on prend pour unité 1° la durée de l'année 1901 ? 2° la durée de l'année 1904 ?

**12.** Trouver en mètres la longueur représentée par $\frac{18}{51}$ si l'unité de longueur mesure 17 mètres.

**13.** Une longueur AB est représentée par $\frac{2}{3}$ ; une longueur CD est représentée par $\frac{4}{15}$ ; quelle fraction représentera CD si on prend AB pour unité ?

**14.** Une longueur est mesurée par $\frac{17}{21}$ ; quelle sera sa mesure si on prend une nouvelle unité trois fois plus grande que l'unité choisie ?

**15.** Un sac renferme 32 billes ; on en prend les $\frac{3}{4}$ ; combien a-t-on de billes ?

**16.** Les $\frac{2}{3}$ d'un sac de noix contiennent 18 noix ; combien le sac en renferme-t-il ?

**17.** Une somme est formée de 2 billets de 100 francs, 3 pièces de 20 francs, 6 pièces de 1 franc ; quelle fraction de la somme représente : 1° un billet ; 2° les 3 pièces de 20 francs ; 3° 4 pièces de 1 franc.

**18.** On reçoit les $\frac{4}{7}$ de 350 francs et on paie les $\frac{2}{11}$ de 693 francs ; combien a-t-on gagné à ces deux opérations ?

# CHAPITRE II

## ADDITION ET SOUSTRACTION DES FRACTIONS

### Addition.

**113. Définition.** — *On appelle somme de plusieurs fractions une fraction qui mesure la grandeur obtenue en ajoutant les grandeurs représentées par chacune des fractions données.*

Trouver cette somme, c'est faire l'*addition* des fractions ; les notations sont les mêmes que pour les nombres entiers :

$$\frac{13}{5} + \frac{2}{7} + \frac{3}{11}$$

représente la somme des fractions $\frac{13}{5}$, $\frac{2}{7}$, $\frac{3}{11}$.

1° Les fractions ont même dénominateur. Soient $\frac{3}{11}$, $\frac{2}{11}$ et $\frac{4}{11}$ ; ajouter ces fractions, c'est mesurer une grandeur qui est formée par la réunion de 3, 2 et 4 onzièmes de l'unité de grandeur ; elle contient donc $3 + 2 + 4$ onzièmes et la fraction cherchée est

$$\frac{3 + 2 + 4}{11}.$$

2° Les fractions n'ont pas même dénominateur.

On peut alors remplacer ces fractions par d'autres qui leur sont égales et ont même dénominateur ; on est ainsi ramené au cas précédent.

**114. Règle.** — *La somme de plusieurs fractions qui ont même dénominateur est une fraction qui a même dénominateur et dont le numérateur est la somme des numérateurs.*

*Si les fractions n'ont pas même dénominateur, on les réduit au même dénominateur et on applique la règle qui précède.*

**Exemple :** *Additionner* $\dfrac{13}{60}$, $\dfrac{14}{63}$, $\dfrac{17}{45}$.

Je décompose 60, 63, 45 en produits de facteurs premiers :

| 45 | 3 | | 60 | 2 | | 63 | 3 |
|---|---|---|---|---|---|---|---|
| 15 | 3 | | 30 | 2 | | 21 | 3 |
| 5 | 5 | | 15 | 3 | | 7 | 7 |
| 1 | | | 5 | 5 | | 1 | |
| | | | 1 | | | | |

$$45 = 3^2 \times 5, \quad 60 = 2^2 \times 3 \times 5, \quad 63 = 3^2 \times 7.$$

Les fractions nouvelles ont pour dénominateur commun

$$2^2 \times 3^2 \times 5 \times 7 = 1\,260.$$

Le quotient de 1 260 par 45 est $2^2 \times 7$ ou 28.
Le quotient de 1 260 par 60 est $3 \times 7$ ou 21.
Le quotient de 1 260 par 63 est $2^2 \times 5$ ou 20.
Les fractions nouvelles sont

$$\frac{13 \times 21}{1\,260}, \quad \frac{14 \times 20}{1\,260}, \quad \frac{17 \times 28}{1\,260},$$

ou

$$\frac{273}{1\,260}, \quad \frac{280}{1\,260}, \quad \frac{476}{1\,260}.$$

Leur somme est

$$\frac{273 + 280 + 476}{1\,260} = \frac{1\,029}{1\,260}.$$

Il reste à simplifier cette fraction; nous avons déjà décomposé 1 260 en un produit de facteurs premiers; décomposons de même 1 029:

$$
\begin{array}{r|l}
1\,029 & 3 \\
343 & 7 \\
49 & 7 \\
7 & 7 \\
1 &
\end{array}
$$

$$1\,029 = 3 \times 7^3.$$

Le plus grand commun diviseur de 1 260 et 1 029 est $3 \times 7$ ou 21; en divisant les deux nombres par 21, on a pour la somme cherchée

$$\frac{1\,029}{1\,260} = \frac{49}{60}.$$

## Soustraction.

**115. Définition.** — Sur une droite AB, portons à partir de A une droite AC plus petite que la première; la longueur CB est la différence entre AB et AC; on peut se proposer de trouver la fraction qui mesure CB connaissant les mesures de AB et AC; c'est faire la *soustraction* des deux fractions; on voit alors que AB est obtenue en ajoutant AC et CB; on peut alors définir la différence de deux fractions de la manière suivante:

Fig. 4.

La *différence de deux fractions est une fraction qui, ajoutée à la plus petite, donne une somme égale à la plus grande.*

**116.** Ce qui précède donne un moyen simple de trouver cette différence ; supposons les deux fractions réduites au même dénominateur ; soient

$$\frac{7}{11} \quad \text{et} \quad \frac{4}{11}.$$

Si de la longueur formée de 7 onzièmes de l'unité de longueur, on en retranche 4 onzièmes, il en restera $7 - 4 = 3$ onzièmes ; on peut donc énoncer la règle suivante :

RÈGLE. — *La différence de deux fractions qui ont même dénominateur est une fraction qui a même dénominateur et dont le numérateur est la différence des numérateurs des deux fractions.*

*Si les fractions n'ont pas même dénominateur, on les réduit au même dénominateur et on opère d'après la règle précédente.*

EXEMPLE : *Retrancher* $\frac{4}{15}$ *de* $\frac{19}{21}$.

Le plus petit commun multiple de 15 et 21 étant 105, on peut remplacer les fractions par les suivantes :

$$\frac{4 \times 7}{105} \quad \text{et} \quad \frac{19 \times 5}{105},$$

ou

$$\frac{28}{105} \quad \text{et} \quad \frac{95}{105}.$$

Leur différence est

$$\frac{95 - 28}{105} = \frac{67}{105}.$$

**117. Plus grand entier contenu dans une fraction.** — Si une fraction a son numérateur plus grand que son dénominateur, elle est plus grande que 1 ; pour mesurer la longueur qu'elle représente, on portera un certain nombre de fois l'unité et il y aura un reste ; on peut donc dire que cette longueur est formée de plusieurs fois l'unité et d'une longueur plus petite que l'unité.

Le problème que l'on se propose est de chercher combien de fois on peut placer l'unité de longueur sur cette droite.

Soit la fraction $\dfrac{47}{7}$ ; l'unité est formée de 7 septièmes ; par suite, la longueur contiendra l'unité autant de fois que 7 pourra être contenu dans 47 ; en divisant 47 par 7, on a pour quotient 6 et pour reste 5 ; on formera donc la longueur cherchée en portant 6 fois l'unité et en ajoutant $\dfrac{5}{7}$ de l'unité ; on pourra écrire

$$\frac{47}{7} = \frac{6 \times 7}{7} + \frac{5}{7} = 6 + \frac{5}{7}.$$

On peut alors énoncer la règle suivante :

RÈGLE. — *L'entier contenu dans une fraction est égal au quotient par défaut du numérateur par le dénominateur.*

*La fraction est la somme de cet entier et d'une fraction qui a pour numérateur le reste de la division et pour dénominateur celui de la fraction donnée.*

118. Inversement, si l'on a une expression telle que $6 + \dfrac{5}{7}$, on peut la mettre sous forme de fraction ; il suffit d'appliquer la règle d'addition aux fractions $\dfrac{6}{1}$ et $\dfrac{5}{7}$, d'ou, en réduisant au même dénominateur, $\dfrac{6 \times 7}{7}$ et $\dfrac{5}{7}$.

Pour distinguer les expressions où figurent des entiers, des fractions, on les appelle quelquefois *nombres fractionnaires*.

119. **Calcul des nombres fractionnaires.** — On peut toujours remplacer ces nombres par des fractions et

faire les additions et soustractions par les règles précédentes ; mais, dans certains cas, il y a avantage à procéder autrement.

Soit à ajouter $3 + \dfrac{2}{5}$ et $4 + \dfrac{4}{5}$.

Si l'on considère les longueurs représentées par ces nombres, on aura à ajouter d'une part 3 fois l'unité et 2 fois la cinquième partie de l'unité, d'autre part 4 fois l'unité et 4 cinquièmes de l'unité ; il faudra ensuite ajouter les deux longueurs ainsi formées ; il revient au même d'ajouter d'abord 3 fois et 4 fois l'unité, puis 2 cinquièmes et 4 cinquièmes ; on aura 6 cinquièmes ou 1 cinquième et 1 fois l'unité que l'on ajoute à $3 + 4$ fois l'unité déjà considérées.

RÈGLE. — *Pour ajouter des nombres fractionnaires, on commence par ajouter les fractions ; on extrait les entiers de cette somme et on ajoute ces entiers aux entiers contenus dans les nombres fractionnaires.*

Soit à ajouter

$$3 + \frac{2}{5}, \quad 4 + \frac{3}{5}, \quad 1 + \frac{1}{5}.$$

La somme des fractions est $\dfrac{6}{5}$ ou $1 + \dfrac{1}{5}$.

La somme des entiers sera $3 + 4 + 1 + 1 = 9$.

La somme cherchée est donc

$$9 + \frac{1}{5}.$$

120. Examinons maintenant la soustraction ; soient les nombres

$$4 + \frac{3}{5} \quad \text{et} \quad 2 + \frac{2}{5}.$$

Pour retrancher la longueur formée de 2 unités et 2 cinquièmes d'unité, je retranche 2 unités de longueur ; il restera $2 + \dfrac{3}{5}$, si j'en retranche encore 2 cinquièmes, il restera $2 + \dfrac{1}{5}$.

RÈGLE. — *Pour retrancher un nombre fractionnaire d'un autre, on retranche la fraction du plus petit de la fraction du plus grand, si c'est possible, puis, on retranche l'entier du plus petit nombre de l'entier du plus grand.*

121. Cette règle n'est pas applicable si la fraction du plus petit nombre dépasse celle du plus grand. Soit à retrancher $2 + \dfrac{5}{7}$ de $6 + \dfrac{2}{7}$.

Au lieu de considérer $6 + \dfrac{2}{7}$, on peut remplacer 1 par 7 septièmes et écrire $5 + \dfrac{9}{7}$; on retranchera alors $\dfrac{5}{7}$ de $\dfrac{9}{7}$, ce qui donne $\dfrac{4}{7}$, puis 2 de 5, ce qui donne 3 ; la différence est $3 + \dfrac{4}{7}$.

RÈGLE. — *Si l'on ne peut faire la différence des fractions, on augmente le numérateur de la plus petite fraction de son dénominateur et on retranche 1 de l'entier du plus grand nombre ; on applique ensuite la règle précédente.*

122. Les indications qui ont été données dans les opérations sur les nombres entiers peuvent être répétées ici, notamment en ce qui concerne les parenthèses ; nous remarquerons seulement que toute expression formée de nombres écrits les uns au-dessous des autres et séparés par

une barre doit être remplacée par la fraction obtenue en effectuant les opérations indiquées dans les deux termes.

EXEMPLES :

$$\frac{3}{5} + \frac{4+2-1}{7} = \frac{3}{5} + \frac{5}{7} = \frac{46}{35} = 1 + \frac{11}{35}.$$

$$\frac{3}{5} - \frac{2}{7} + \frac{1}{35} = \frac{21}{35} - \frac{10}{35} + \frac{1}{35} = \frac{21-10+1}{35} = \frac{12}{35}.$$

On peut d'ailleurs appliquer les remarques faites sur les additions de sommes et de différences de nombres entiers.

## QUESTIONS

1. Définir l'addition des fractions.

2. Énoncer la règle d'addition.

3. Définir la différence de deux fractions.

4. Énoncer la règle de soustraction.

5. Qu'appelle-t-on plus grand entier contenu dans une fraction ?

6. Comment trouve-t-on cet entier ?

7. Qu'appelle-t-on nombre fractionnaire ?

8. Comment peut-on réduire un nombre fractionnaire en fraction

9. Énoncer la règle d'addition des nombres fractionnaires.

10. Énoncer la règle de soustraction.

11. Y a-t-il un cas d'exception ?

12. Comment opère-t-on dans ce cas ?

13. De combien augmente-t-on une fraction, si on ajoute le dénominateur au numérateur ?

14. Une fraction est comprise entre 2 et 3 ; combien de fois peut-on retrancher le dénominateur du numérateur ?

## EXERCICES DE CALCUL MENTAL

**1.** Effectuer les opérations suivantes :

$$\frac{2}{7} + \frac{3}{7}, \qquad \frac{14}{51} + \frac{13}{51} + \frac{2}{51}, \qquad \frac{10}{97} + \frac{23}{97} + \frac{12}{97},$$

$$\frac{3}{7} + \frac{11}{7}, \qquad \frac{2}{9} + \frac{3}{9} + \frac{4}{9}, \qquad \frac{4}{11} + \frac{10}{11} + \frac{8}{11}.$$

**2.** Effectuer les opérations :

$$\frac{15}{67} - \frac{8}{67}, \qquad \frac{142}{195} - \frac{41}{195}, \qquad \frac{237}{201} - \frac{36}{201}.$$

**3.** Effectuer les opérations :

$$\left(4 + \frac{3}{7}\right) + \left(2 + \frac{1}{7}\right), \qquad \left(5 + \frac{11}{19}\right) + \left(6 + \frac{8}{19}\right),$$

$$\left(3 + \frac{9}{5}\right) - \left(1 + \frac{1}{5}\right), \qquad \left(17 + \frac{8}{11}\right) - \left(4 + \frac{3}{11}\right).$$

**4.** Extraire les entiers des fractions :

$$\frac{11}{4}, \qquad \frac{19}{5}, \qquad \frac{84}{9}, \qquad \frac{90}{11}, \qquad \frac{124}{12}.$$

**5.** Effectuer les opérations :

$$\frac{3}{5} + 2 - \frac{2}{5} - 1 + \frac{4}{5}, \qquad \frac{6}{11} + 2 - \frac{3}{11} - 1,$$

$$7 + \frac{3}{5} + \left(2 - \frac{1}{5}\right) - \left(3 + \frac{1}{5}\right), \qquad 6 + \left(\frac{1}{5} + 2\right) - \left(3 - \frac{2}{5} - \frac{1}{5}\right).$$


## EXERCICES ÉCRITS ET PROBLÈMES

**1.** Effectuer les opérations :

$$\frac{3}{14} + \frac{15}{56} + \frac{13}{40}, \qquad \frac{104}{105} + \frac{97}{180} - \frac{13}{70},$$

$$\frac{4}{15} + \frac{3}{20} + \frac{5}{35} + \frac{6}{77}, \qquad \frac{2}{11} + \frac{3}{55} + \frac{7}{10} + \frac{9}{40}.$$

$$\frac{21}{35} + \frac{18}{21} + \frac{14}{28}, \qquad \frac{102}{180} + \frac{54}{51} + \frac{48}{120}.$$

**2.** Effectuer les opérations :

$$\frac{4}{19} - \frac{3}{25}, \qquad \frac{14}{37} - \frac{15}{61}, \qquad \frac{18}{73} - \frac{24}{175}.$$

$$\frac{14}{35} - \frac{8}{42}, \qquad \frac{18}{24} - \frac{35}{70}, \qquad \frac{42}{63} - \frac{13}{26}.$$

**3.** Effectuer les opérations :

$$\frac{4}{5} + \left(\frac{3}{7} - \frac{1}{6}\right), \qquad \frac{5}{9} - \left(\frac{2}{3} - \frac{1}{4}\right), \qquad \frac{3}{11} - \left(\frac{6}{19} - \frac{2}{11}\right),$$

$$\frac{14}{19} - \left(\frac{3}{5} - \frac{1}{4}\right) + \left(\frac{1}{7} + \frac{1}{9}\right), \qquad \frac{5}{7} + \left(\frac{3}{7} - \frac{1}{3}\right) - \left(\frac{4}{11} - \frac{2}{9} + \frac{1}{7}\right).$$

**4.** Extraire les entiers des fractions :

$$\frac{448}{145}, \qquad \frac{329}{142}, \qquad \frac{4\,534}{147}, \qquad \frac{24\,584}{327}.$$

**5.** Effectuer les opérations :

$$\left(4 + \frac{1}{5}\right) + \left(6 + \frac{1}{5}\right), \qquad \left(18 + \frac{34}{145}\right) + \left(44 + \frac{14}{19}\right),$$

$$\left(14 + \frac{4}{11}\right) - \left(6 + \frac{3}{11}\right), \qquad \left(142 + \frac{63}{97}\right) - \left(48 + \frac{13}{93}\right),$$

$$\left(42 + \frac{3}{7}\right) - \left(38 + \frac{5}{7}\right), \qquad \left(132 + \frac{42}{51}\right) - \left(14 + \frac{47}{51}\right).$$

**6.** Trouver un nombre qui surpasse de 10 la somme du tiers et du quart de ce nombre.

**7.** Trouver un nombre dont le triple soit égal à sa moitié augmentée de son cinquième et de 46.

**8.** Trouver deux fractions de dénominateur 17 et qui diffèrent de 1, leurs numérateurs ne pouvant pas dépasser 18.

**9.** Une personne perd dans une première partie les $\frac{2}{5}$ de son argent; puis, dans une seconde partie, elle gagne 40 francs; elle se retire alors sans gain ni perte; combien avait-elle en se mettant au jeu ?

**10.** Un joueur perd dans une première partie les $\frac{3}{5}$ de son argent; il gagne dans une seconde partie les $\frac{2}{7}$ de ce qu'il possédait au début; il se retire avec 48 francs; combien a-t-il perdu ?

**11.** On achète une pièce d'étoffe à raison de 6 francs le mètre et on la revend à raison de 42 francs les 5 mètres ; combien a-t-on gagné, si la pièce a 15 mètres ?

**12.** Deux ouvriers travaillant séparément feraient un ouvrage, le premier en 15 jours, le second en 10 jours ; combien de temps faudra-t-il pour faire l'ouvrage, les deux ouvriers travaillant ensemble ?

**13.** Un ouvrier peut faire un ouvrage en 12 jours ; un second ouvrier peut faire le même ouvrage en 15 jours ; le premier travaille seul pendant 3 jours ; combien faudra-t-il de temps aux deux ouvriers pour terminer l'ouvrage ?

**14.** Un bassin est alimenté par deux robinets qui, séparément, pourraient le remplir, le premier en 6 heures, le second en 8 heures ; un troisième robinet viderait le bassin en 12 heures ; on ouvre les trois robinets pendant 4 heures et on recueille dans le bassin 435 litres ; quelle est la contenance du bassin ?

**15.** Un bassin est alimenté par deux robinets ; le premier peut le remplir en 15 heures ; un troisième robinet peut le vider en 18 heures ; les trois robinets étant ouverts, le bassin, primitivement vide, est rempli en 9 heures ; en combien de temps le second robinet remplirait-il le bassin, s'il était seul ouvert ?

# CHAPITRE III

## MULTIPLICATION DES FRACTIONS

**123.** La multiplication par un nombre entier revient à une addition ; c'est ainsi que multiplier 4 par 3, c'est faire la somme de 3 nombres égaux à 4 ; si une longueur AB est mesurée par 4, on appellera produit par 3 de cette longueur, la longueur CD obtenue en ajoutant 3 longueurs égales à AB ; ceci revient à dire que CD est mesurée par 3, quand AB est l'unité de longueur.

Il est alors naturel de dire que *le produit d'une grandeur A par une fraction est la grandeur mesurée par cette fraction, quand on prend A pour unité de grandeur.*

Ainsi, le produit de A par $\frac{2}{3}$ sera la grandeur formée en prenant 2 fois le tiers de A.

**124. Définition.** — *On appelle* PRODUIT *d'une fraction par une autre fraction, la fraction qui mesure le produit, par la seconde fraction, de la longueur mesurée par la première.*

Il est clair que dans cette définition le mot fraction désigne également les nombres entiers, qui sont des fractions de dénominateur 1.

EXEMPLE : Une longueur AB est mesurée par $\frac{4}{7}$ ; on la multiplie par $\frac{2}{3}$ et on obtient une longueur CD, qui est les

$\frac{2}{3}$ de AB ; cette longueur CD est représentée par un nombre entier ou fractionnaire qui est le produit de $\frac{4}{7}$ par $\frac{2}{3}$.

Ce nombre est appelé les $\frac{2}{3}$ de $\frac{4}{7}$.

**125. 1er cas : Multiplication d'une fraction par un nombre entier.** — Soit à multiplier $\frac{2}{7}$ par 3.

La longueur AB mesurée par $\frac{2}{7}$ est formée par la réunion de deux fois la septième partie de l'unité de longueur ; pour former son produit par 3, il suffira de prendre 3 fois plus de septièmes, c'est-à-dire, 6 ; cette nouvelle longueur est alors mesurée par la fraction $\frac{6}{7}$.

Règle. — *Le produit d'une fraction par un nombre entier est une fraction qui a pour numérateur le produit du numérateur de la première fraction par ce nombre et pour dénominateur le dénominateur de la première fraction.*

**126.** Soit encore à multiplier $\frac{4}{15}$ par 3.

La longueur AB mesurée par $\frac{4}{15}$ est formée de quatre fois la quinzième partie de l'unité ; pour trouver une longueur 3 fois plus grande, on peut prendre encore 4 parties, chacune d'elles étant 3 fois plus grande que le quinzième ; il y en aura alors 3 fois moins dans l'unité, ce seront des cinquièmes ; par suite, le produit est $\frac{4}{5}$.

Règle. — *Si le dénominateur d'une fraction est divisible par un nombre entier, on obtient le produit de cette frac-*

*tion par le nombre en conservant le numérateur et en divisant le dénominateur par ce nombre.*

**127.** Le produit d'une grandeur par 4 est une grandeur 4 fois plus grande; nous conviendrons, par analogie, de dire que le produit d'une fraction par 4 est une fraction *4 fois plus grande* que la première; la première sera dite *4 fois plus petite* que la seconde.

Ce qui précède peut alors s'énoncer en disant que *l'on rend une fraction un certain nombre de fois plus grande en multipliant son numérateur ou en divisant son dénominateur par ce nombre, si cette opération est possible.*

Inversement, on *rend une fraction un certain nombre de fois plus petite en multipliant son dénominateur ou en divisant son numérateur par ce nombre, si cette opération est possible.*

Ainsi, $\dfrac{3}{14}$ est deux fois plus petite que $\dfrac{3}{7}$, parce que la grandeur $\dfrac{3}{14}$ contient autant de parties que la grandeur $\dfrac{3}{7}$, mais chacune d'elles est deux fois plus petite que $\dfrac{1}{7}$.

$\dfrac{15}{31}$ est trois fois plus grande que $\dfrac{5}{31}$.

**128. 2ᵉ cas: Multiplication de deux fractions. —** Soit à multiplier $\dfrac{2}{7}$ par $\dfrac{3}{4}$.

Il s'agit de prendre les $\dfrac{3}{4}$ de la longueur AB mesurée par $\dfrac{2}{7}$; pour cela, nous en prenons d'abord le quart, ce qui revient à former une longueur 4 fois plus petite;

elle sera donc représentée par $\dfrac{2}{7 \times 4}$; il reste à former une nouvelle longueur 3 fois plus grande que cette dernière ; elle sera représentée par $\dfrac{2 \times 3}{7 \times 4}$.

**RÈGLE.** — *Le produit de deux fractions est une fraction qui a pour termes les produits des termes de même nom des deux fractions données.*

**129.** Les remarques faites sur les produits de nombres entiers sont encore vraies pour les fractions (68, 69, 70) et pour les nombres fractionnaires.

C'est ainsi que pour faire le produit de nombres fractionnaires, on pourra commencer par les réduire en fractions, puis effectuer le produit ou faire le produit des deux sommes ; le premier procédé est, en général, préférable.

**EXEMPLE** : *Multiplier* $2 + \dfrac{3}{5}$ *par* $3 + \dfrac{1}{6}$.

Je réduis ces nombres en fractions

$$2 + \frac{3}{5} = \frac{13}{5}, \quad 3 + \frac{1}{6} = \frac{19}{6}.$$

Le produit est alors

$$\frac{13 \times 19}{5 \times 6} = \frac{247}{30} = 8 + \frac{7}{30}.$$

**130.** Le produit de plusieurs fractions est soumis aux mêmes remarques que le produit de plusieurs nombres entiers, et on voit que *ce produit est une fraction ayant pour termes les produits des termes de même nom des fractions données.*

Le produit $\dfrac{3}{4} \times \dfrac{5}{6} \times \dfrac{7}{5}$ est égal à

$$\frac{3 \times 5 \times 7}{4 \times 6 \times 5} \quad \text{ou} \quad \frac{7}{8}.$$

en simplifiant avant d'effectuer les opérations.

**131. Puissance.** — La PUISSANCE d'une fraction se définit comme la puissance d'un nombre entier ; il résulte de ce qui précède qu'on *obtient cette puissance en formant les puissances des deux termes.*

Ainsi le cube de $\dfrac{4}{9}$ est le produit

$$\frac{4}{9} \times \frac{4}{9} \times \frac{4}{9} = \frac{4 \times 4 \times 4}{9 \times 9 \times 9}.$$

Le numérateur est donc le cube du numérateur précédent 4 et le dénominateur est le cube du dénominateur précédent 9.

## QUESTIONS

1. Définir le produit d'une grandeur par un nombre entier.

2. Définir le produit d'une grandeur par une fraction.

3. Définir le produit de deux fractions.

4. Comment forme-t-on le produit d'une fraction par un nombre entier ?

5. Qu'arrive-t-il si l'on multiplie le numérateur par un nombre entier ? — si l'on multiplie le dénominateur ?

6. Qu'arrive-t-il si l'on divise le dénominateur par un nombre entier ?

7. Que devient la fraction $\dfrac{15}{19}$, si l'on multiplie le dénominateur par 4 et que l'on divise le numérateur par 5 ?

8. Comment fait-on le produit de deux fractions ?

9. Comment fait-on le produit de deux nombres fractionnaires ?

10. Comment obtient-on le cube d'une fraction ?

11. Une fraction étant plus petite que 1, son carré est-il plus grand que 1 ?

12. Dans quel cas le carré d'une fraction est-il plus grand que la fraction ?

## EXERCICES DE CALCUL MENTAL

**1.** Effectuer les produits

$$\frac{3}{5}\times\frac{4}{7}, \qquad \frac{40}{71}\times\frac{3}{5}, \qquad \frac{401}{500}\times\frac{4}{15},$$

$$\frac{3}{5}\times\frac{4}{6}\times\frac{7}{4}, \qquad \frac{40}{63}\times\frac{7}{8}\times\frac{9}{10}, \qquad \frac{4}{5}\times\frac{25}{40}\times\frac{100}{500}.$$

**2.** Faire les carrés et les cubes des fractions.

$$\frac{1}{2}, \qquad \frac{1}{3}, \qquad \frac{1}{4}, \qquad \frac{1}{5}, \qquad \frac{2}{3}, \qquad \frac{2}{5}, \qquad \frac{3}{4}, \qquad \frac{3}{5}, \qquad \frac{4}{5}.$$

## EXERCICES ÉCRITS ET PROBLÈMES

**1.** Effectuer les produits

$$\frac{432}{649}\times\frac{345}{237}, \qquad \frac{548}{304}\times\frac{412}{641},$$

$$\frac{34}{19}\times\frac{45}{92}\times\frac{37}{63}, \qquad \frac{401}{312}\times\frac{143}{451}\times\frac{173}{483},$$

**2.** Effectuer les produits

$$\left(3+\frac{4}{5}\right)\times 6, \qquad \left(4+\frac{14}{23}\right)\times 7, \qquad \left(15+\frac{4}{17}\right)\times 12,$$

$$\left(15+\frac{3}{7}\right)\times\left(3+\frac{12}{17}\right), \qquad \left(41+\frac{2}{11}\right)\times\left(32+\frac{4}{5}\right), \qquad \left(16+\frac{3}{19}\right)\left(45+\frac{14}{17}\right)$$

**3.** Effectuer les opérations

$$4+\frac{3}{5}\left(\frac{2}{3}-\frac{1}{4}\right), \qquad \left(13+\frac{2}{5}\right)\times\left(\frac{4}{3}-\frac{1}{5}\right)-\frac{3}{5}\times\frac{14}{21},$$

$$\left(3+\frac{2}{5}-\frac{1}{4}\right)^2\times\left(\frac{2}{5}+\frac{3}{2}\right)^3-\frac{5}{7}\times\left(\frac{3}{8}\right)^2.$$

**4.** Calculer les $\frac{3}{5}$ des $\frac{2}{7}$ du quart de 510.

**5.** Trouver deux longueurs dont la différence soit 42 mètres et telles que l'une soit les $\frac{2}{3}$ de l'autre.

**6.** Trouver un nombre dont les $\frac{3}{5}$ des $\frac{4}{7}$ soient 120.

7. On retranche d'un nombre les $\dfrac{3}{19}$ de ce nombre ; on retranche ensuite les $\dfrac{2}{5}$ du reste ; on obtient ainsi 96 ; quel était ce nombre ?

8. Partager 45 141$^{\text{fr}}$ entre 3 personnes, de façon que la part de la première soit les $\dfrac{2}{5}$ de la part de la seconde et que là part de la seconde soit les $\dfrac{3}{4}$ de celle de la troisième.

9. Partager 58 750$^{\text{fr}}$ entre 2 personnes de façon que la part de la seconde surpasse de 460 francs les $\dfrac{2}{3}$ de celle de la première.

10. Une balle élastique rebondit à une hauteur égale aux $\dfrac{3}{7}$ de la hauteur d'où elle est tombée. Elle tombe d'une hauteur de 343 centimètres ; à quelle hauteur remontera-t-elle après avoir rebondi 3 fois ?

11. Une balle élastique rebondit à une hauteur égale aux $\dfrac{3}{5}$ de la hauteur d'où elle est tombée. Après avoir rebondi 2 fois, elle s'élève à une hauteur inférieure de 32 centimètres de la hauteur d'où elle est tombée primitivement ; quelle est cette hauteur ?

12. Quel nombre faut-il ajouter à la fraction $\dfrac{13}{21}$ pour obtenir une fraction trois fois plus grande que $\dfrac{13}{21}$ ?

13. Un tonneau renferme 228 litres de vin ; on en retire 40 litres que l'on remplace par 40 litres d'eau ; on retire 57 litres du mélange que l'on remplace par 57 litres d'eau ; combien y a-t-il alors de vin dans le tonneau ?

14. Un marchand achète pour 21 210$^{\text{fr}}$ de marchandises ; il en revend les $\dfrac{2}{5}$ avec un bénéfice du $\dfrac{1}{3}$ ; il revend le reste avec une perte du $\dfrac{1}{7}$ ; combien a-t-il gagné ?

15. Les $\dfrac{2}{3}$ des $\dfrac{4}{5}$ d'un nombre sont inférieurs de 44 au double du nombre ; quel est ce nombre ?

16. On prend le $\dfrac{1}{3}$ des $\dfrac{4}{5}$ d'un nombre ; on ajoute 10 et on divise le résultat par 14 ; le quotient est 1 et le reste 12 ; quel est le nombre ?

# CHAPITRE IV

## DIVISION DES FRACTIONS

**132. Définition.** — *La* DIVISION *est une opération qui a pour but, étant donnés deux nombres entiers ou fraction-naires, d'en trouver un troisième dont le produit par le second soit égal au premier.*

Le premier nombre est appelé DIVIDENDE, le second DIVISEUR, et le troisième QUOTIENT.

Diviser $\dfrac{3}{4}$ par $\dfrac{5}{7}$, c'est donc trouver une fraction dont le produit par $\dfrac{5}{7}$ soit égal à $\dfrac{3}{4}$.

Ce quotient est

$$\frac{3}{4} \times \frac{7}{5} = \frac{3 \times 7}{4 \times 5}.$$

Pour le montrer, multiplions cette dernière fraction par $\dfrac{5}{7}$.

$$\frac{3 \times 7}{4 \times 5} \times \frac{5}{7} = \frac{3 \times 7 \times 5}{4 \times 5 \times 7}.$$

On peut simplifier en divisant les deux termes par 5 et par 7 (107); on trouve ainsi la première fraction $\dfrac{3}{4}$.

RÈGLE. — *Le quotient d'une fraction par une autre fraction est égal au produit de la fraction dividende par la fraction diviseur renversée.*

**133.** On peut expliquer cette règle de la manière suivante : Cherchons la longueur qui sera représentée par le quotient ; les $\dfrac{5}{7}$ de cette longueur seront la longueur $\dfrac{3}{4}$ ; le $\dfrac{1}{7}$ sera 5 fois plus petit ou $\dfrac{3}{4 \times 5}$ et la longueur elle-même sera 7 fois plus grande que le $\dfrac{1}{7}$ ; ce sera $\dfrac{3 \times 7}{4 \times 5}$.

**134. Cas particuliers.** — Si l'une des fractions est un nombre entier, on peut appliquer la règle, en prenant 1 pour dénominateur du nombre entier.

Le quotient de $\dfrac{3}{5}$ par 4 est

$$\dfrac{3 \times 1}{5 \times 4}.$$

On s'explique aisément ce résultat en remarquant que la longueur cherchée est 4 fois plus petite que la longueur $\dfrac{3}{5}$ ; elle est donc représentée par $\dfrac{3}{5 \times 4}$.

**135.** Si le numérateur est divisible par un nombre entier, on pourra, pour diviser la fraction par ce nombre, diviser son numérateur par le nombre, puisque nous avons vu qu'on rendait ainsi cette fraction ce nombre de fois plus petite.

Exemple : le quotient de $\dfrac{8}{15}$ par 4 est $\dfrac{2}{15}$.

Règle. — *Pour diviser une fraction par un nombre entier, on peut multiplier le dénominateur par ce nombre, ou, si c'est possible, diviser le numérateur par ce nombre.*

**136. Nombres fractionnaires.** — Si l'on a des nombres fractionnaires, on commence par les réduire en fractions et on applique la règle ordinaire.

Soit à diviser $4 + \dfrac{2}{5}$ par $3 + \dfrac{1}{6}$.

Ces nombres sont égaux à

$$\dfrac{22}{5} \quad \text{et} \quad \dfrac{19}{6}.$$

Le quotient est alors

$$\dfrac{22 \times 6}{5 \times 19} = \dfrac{132}{95} = 1 + \dfrac{37}{95}.$$

**137.** Nous avons vu que la division des nombres entiers ne donnait pas toujours un quotient exact ; mais, si on considère les fractions, ce quotient exact existe toujours ; appliquons la règle de division aux nombres 3 et 4 ; on peut écrire

$$\dfrac{3}{1} : \dfrac{4}{1} = \dfrac{3}{1} \times \dfrac{1}{4} = \dfrac{3}{4}.$$

La fraction $\dfrac{3}{4}$ est donc le quotient exact de 3 par 4.

Aussi, au lieu d'écrire

$$3 : 4,$$

on écrit souvent $\dfrac{3}{4}$ pour désigner le quotient de 3 par 4.

De même $\dfrac{\dfrac{3}{4} + \dfrac{1}{5}}{\dfrac{2}{7}}$ indique que l'on effectue $\dfrac{3}{4} + \dfrac{1}{5}$ et

que l'on divise par $\dfrac{2}{7}$.

## QUESTIONS

1. Définir la division des fractions.

**2.** Définir le dividende, le diviseur, le quotient.

**3.** Énoncer la règle de la division.

**4.** Comment peut-on diviser une fraction par un nombre entier ?

**5.** Comment fait-on la division de deux nombres fractionnaires ?

**6.** Si deux fractions ont même dénominateur, leur quotient est égal au quotient des numérateurs.

**7.** Si deux fractions ont même numérateur, leur quotient est égal au quotient renversé des dénominateurs.

## EXERCICES DE CALCUL MENTAL

**1.** Effectuer les divisions

$$45 : 27, \quad 35 : 14, \quad 49 : 35, \quad 300 : 270,$$

$$\frac{4}{5} : 3, \quad \frac{3}{7} : 5, \quad \frac{2}{9} : 10, \quad \frac{3}{5} : 9, \quad \frac{14}{15} : 3,$$

$$\frac{6}{17} : 3, \quad \frac{42}{47} : 7, \quad \frac{56}{57} : 8, \quad \frac{72}{89} : 9, \quad \frac{99}{45} : 11.$$

**2.** Effectuer les divisions

$$\frac{3}{5} : \frac{4}{7}, \quad \frac{2}{9} : \frac{3}{5}, \quad \frac{6}{7} : \frac{4}{9}, \quad \frac{5}{4} : \frac{3}{7},$$

$$\frac{12}{11} : \frac{3}{5}, \quad \frac{14}{17} : \frac{7}{5}, \quad \frac{16}{19} : \frac{8}{3}, \quad \frac{15}{14} : \frac{3}{7},$$

$$\frac{15}{7} : \frac{3}{7}, \quad \frac{14}{11} : \frac{7}{11}, \quad \frac{49}{18} : \frac{17}{18}, \quad \frac{35}{17} : \frac{15}{17}.$$

## EXERCICES ÉCRITS ET PROBLÈMES

**1.** Effectuer les divisions

$$\frac{47}{56} : \frac{35}{72}, \quad \frac{450}{685} : \frac{34}{145}, \quad \frac{640}{483} : \frac{460}{549},$$

$$\left(3 + \frac{4}{5}\right) : 18, \quad \left(41 + \frac{22}{17}\right) : 85, \quad \left(342 + \frac{54}{73}\right) : 97,$$

$$94 : \left(4 + \frac{13}{19}\right), \quad 175 : \left(3 + \frac{4}{17}\right), \quad 426 : \left(17 + \frac{8}{11}\right),$$

$$\left(17 + \frac{4}{25}\right) : \left(19 + \frac{3}{11}\right), \quad \left(19 + \frac{3}{29}\right) : \left(48 + \frac{2}{17}\right).$$

**2.** Effectuer les opérations suivantes :

$$\frac{3}{5} : \frac{4}{7} + \frac{41}{9} - \frac{35}{17}, \qquad \frac{42}{51} + \frac{3}{5} : \frac{2}{7} - \frac{4}{5},$$

$$\left(\frac{4}{17} + \frac{3}{5}\right) : \frac{4}{5} - \frac{5}{17}, \qquad \left(\frac{14}{11} - \frac{3}{7}\right) : \left(\frac{5}{7} - \frac{2}{11}\right) + \frac{4}{5}$$

**3.** Effectuer les opérations

$$\frac{\frac{4}{5} + \frac{3}{7}}{\frac{5}{6} - \frac{4}{5}}, \qquad \frac{\frac{4}{7} - \frac{3}{5} \times \frac{2}{7}}{\frac{6}{7} \times \frac{11}{5} - \frac{4}{7}}, \qquad \frac{\frac{5}{7} \times \left(\frac{3}{4} + \frac{1}{7}\right) - \frac{1}{5}}{\left(\frac{6}{5} - \frac{2}{7}\right) \times \frac{2}{5} - \frac{1}{4}}.$$

**4.** Les $\frac{3}{5}$ d'un nombre égalent $\frac{14}{17}$ ; quel est ce nombre ?

**5.** Les $\frac{5}{6}$ des $\frac{2}{7}$ d'un nombre égalent $\frac{14}{17}$ ; quel est ce nombre ?

**6.** Une personne perd dans une première partie les $\frac{3}{5}$ de son argent ; dans une seconde partie, elle gagne les $\frac{2}{3}$ de ce qui lui restait ; elle possède alors 40 francs ; combien avait-elle en se mettant au jeu ?

**7.** Une personne perd dans une première partie les $\frac{2}{5}$ de ce qu'elle possède ; dans une seconde partie elle gagne le $\frac{1}{3}$ de ce qui lui reste ; elle a perdu finalement 20 francs ; combien avait-elle au début du jeu ?

**8.** La somme de deux nombres est $17 + \frac{3}{4}$ ; l'un d'eux est les $\frac{4}{5}$ de l'autre ; quels sont ces nombres ?

**9.** La différence de deux nombres est $453 + \frac{11}{17}$ ; l'un d'eux est les $\frac{7}{11}$ de l'autre ; quels sont ces nombres ?

**10.** La somme de deux nombres est $\frac{453}{17}$, leur différence est $\frac{135}{19}$ ; quels sont ces nombres ?

**11.** Si l'on ajoute les $\frac{3}{5}$ d'un nombre aux $\frac{2}{7}$ d'un autre, on obtient $\frac{145}{17}$ ; le premier est triple du second ; quels sont ces nombres ?

**12.** Deux personnes possèdent ensemble 45 100$^{fr}$ ; la première ayant dépensé $\frac{2}{7}$ de sa part et la seconde ayant dépensé $\frac{1}{7}$ de sa part, elles possèdent la même somme ; combien chacune d'elles avait-elle ?

Grévy. — Arith. élém.          4

**13.** Un marchand vend $\frac{2}{5}$ d'une pièce de drap à un acheteur ; il vend le $\frac{1}{3}$ de ce qui reste à un autre acheteur ; il reçoit pour le tout 120 francs : quel est le prix de la pièce ?

**14.** On prend les $\frac{3}{5}$ d'un nombre augmenté de 10 ; on prend d'autre part les $\frac{2}{7}$ de ce nombre diminué de 14 ; on obtient deux résultats qui diffèrent de 32 ; quel est ce nombre ?

**15.** La grande roue d'une bicyclette a 4 mètres de circonférence ; la petite roue a une longueur qui est les $\frac{6}{7}$ de celle de la grande ; quel chemin a-t-on parcouru quand la grande roue a fait 4 530 tours de moins que l'autre ?

**16.** La circonférence d'une horloge est 50 centimètres ; quelle distance sépare sur cette circonférence les extrémités des deux aiguilles à midi et demie ?

**17.** Une montre avance de 5 minutes $\frac{1}{3}$ par jour ; elle a été réglée le 1er février 1901 à midi ; à quel moment sera-t-elle en avance de 1 heure ?

**18.** On achète deux pièces de drap ; la première a une longueur qui est les $\frac{2}{3}$ de celle de la seconde ; le prix du mètre de la première pièce est les $\frac{4}{5}$ du prix du mètre de la seconde ; les frais s'élèvent à $\frac{1}{92}$ du prix total ; quel est le prix de chaque pièce, sachant qu'il y a 2fr de frais ?

**19.** Une personne place sa fortune dans une entreprise, qui rapporte $\frac{3}{49}$ du capital par an ; au bout de deux mois, elle retire les $\frac{2}{5}$ de sa fortune ; elle touche à la fin de l'année 2 000 francs ; quelle est la valeur de la fortune, en supposant que la somme rapportée pendant 2 mois soit le $\frac{1}{6}$ de la somme rapportée en un an ?

# CHAPITRE V

## NOMBRES DÉCIMAUX

**138. Définition.** — *On appelle fraction décimale une fraction dont le dénominateur est une puissance de 10, c'est-à-dire un des nombres 10, 100, 1 000, etc.*

Ainsi $\dfrac{7}{10}$, $\dfrac{352}{100}$, $\dfrac{204}{1\,000}$ sont des fractions décimales.

**139.** *Une fraction décimale peut être décomposée en un nombre entier augmenté de fractions décimales dont les numérateurs sont inférieurs à 10.*

Considérons la fraction décimale $\dfrac{4\,554}{1\,000}$ ; on peut écrire

$$\frac{4\,554}{1\,000} = \frac{4\,000}{1\,000} + \frac{500}{1\,000} + \frac{50}{1\,000} + \frac{4}{1\,000},$$

$$= 4 + \frac{5}{10} + \frac{5}{100} + \frac{4}{1\,000}.$$

Soit encore la fraction $\dfrac{327}{10\,000}$ ; on peut écrire

$$\frac{327}{10\,000} = \frac{300}{10\,000} + \frac{20}{10\,000} + \frac{7}{10\,000}$$

$$= \frac{3}{100} + \frac{2}{1\,000} + \frac{7}{10\,000}.$$

Ici, la fraction étant inférieure à 1, il n'y a pas de partie entière ; il n'y a pas non plus de fraction ayant pour dénominateur 10 ; la propriété énoncée n'en subsiste pas moins, en ajoutant cette restriction que certaines fractions peuvent manquer.

Si l'on convient d'appeler les dixièmes, les centièmes, etc..., des unités du premier, du second ordre décimal, on voit qu'une fraction décimale est la somme d'unités de différents ordres entiers et décimaux, le nombre d'unités de chaque ordre étant inférieur à 10; on peut remarquer que l'unité du premier ordre décimal est formée de 10 unités du second ordre décimal, et ainsi de suite, l'unité simple étant elle-même formée de 10 unités du premier ordre décimal.

On peut alors appliquer le principe de la numération écrite pour écrire une fraction décimale : *le rang d'un chiffre indique l'ordre des unités qu'il représente*. On indiquera le chiffre des unités simples en le faisant suivre d'une virgule ; et *le rang d'un chiffre pris à droite de la virgule indiquera l'ordre de l'unité décimale*.

Ainsi la fraction $\dfrac{4\,554}{1\,000}$ peut s'écrire 4,554 ; le nombre ainsi écrit est un *nombre décimal*.

**140.** Inversement, un nombre décimal peut se mettre sous la forme d'une fraction ; pour cela, on écrira au numérateur le nombre après avoir supprimé la virgule et au dénominateur l'unité suivie d'autant de zéros qu'il y avait de chiffres après la virgule.

Soit le nombre 35,432 ; il est la somme de 35 unités, 4 dixièmes, 3 centièmes, 2 millièmes ; on peut l'écrire

$$35 + \frac{4}{10} + \frac{3}{100} + \frac{2}{1\,000},$$

ou

$$\frac{35\,000}{1\,000} + \frac{400}{1\,000} + \frac{30}{1\,000} + \frac{2}{1\,000},$$

ou

$$\frac{35\,432}{1\,000}.$$

**141. Règle pour lire un nombre décimal écrit.** — *On énonce la partie entière, puis la partie décimale comme un nombre entier en faisant suivre du nom des unités décimales représentées par le dernier chiffre.*

Ainsi, le nombre 35,432 s'énonce : 35 unités, 432 millièmes.

Le nombre 0,503 s'énonce : 503 millièmes.

On peut aussi lire le nombre entier obtenu en supprimant la virgule et faire suivre du nom des unités décimales représentées par le dernier chiffre ; on lira 3,45 : 345 centièmes.

**142. Règle pour écrire un nombre énoncé.** — Si en énonçant le nombre, on sépare la partie entière de la partie décimale, *on écrira le nombre entier, que l'on fera suivre d'une virgule ; on écrira ensuite le nombre décimal énoncé en ayant soin que le dernier chiffre occupe le rang indiqué par l'ordre des unités d'ordre décimal énoncé ; on mettra des zéros pour remplacer les unités qui manquent.*

*S'il n'y a pas de partie entière, on écrit o que l'on fait suivre d'une virgule.*

Si en énonçant le nombre, on ne sépare pas la partie entière de la partie décimale, *on écrit le nombre entier énoncé ; on place ensuite la virgule de manière que le dernier chiffre décimal occupe le rang indiqué par l'ordre des unités qu'il représente.*

Exemples : Le nombre 335 unités 23 millièmes s'écrit 335,023.

Le nombre 3203 centièmes s'écrit 32,03.

**143. Remarque.** — *On n'altère pas un nombre décimal en ajoutant des zéros à sa droite, ou en supprimant les zéros placés à droite, à la condition de ne pas changer la virgule.*

Les nombres 2,54 et 2,5400 représentent les fractions

$$\frac{254}{100} \quad \text{et} \quad \frac{25\,400}{10\,000}$$

qui sont égales, puisque la seconde se déduit de la première en multipliant ses deux termes par 100 ; il en résulte que les deux nombres sont égaux.

**144.** Cette remarque permet de réduire facilement au même dénominateur des fractions écrites sous forme de nombres décimaux ; il suffit d'ajouter à la droite du nombre qui a le moins de chiffres décimaux assez de zéros pour que les deux parties décimales aient le même nombre de chiffres décimaux.

Ainsi, les nombres 3,71 et 42,512 sont égaux respectivement à

$$3,710 \text{ et } 42,512 ;$$

sous cette forme, ils représentent des fractions décimales qui ont le même dénominateur 1000.

**145. Comparaison des nombres décimaux.** — Ceci donne un moyen simple de reconnaître quel est le plus grand de deux nombres décimaux ; après leur avoir donné le même nombre de chiffres décimaux, il suffira de comparer les numérateurs des fractions qui ont même dénominateur, c'est-à-dire que l'on comparera les nombres entiers obtenus en supprimant les virgules ; on arrive ainsi à la conclusion suivante :

*Un nombre décimal est plus grand qu'un autre si sa partie entière est plus grande que la partie entière du second nombre, ou si, les parties entières étant égales, le premier chiffre décimal du premier nombre, qui diffère du chiffre décimal de même rang du second nombre, est plus grand que celui du second nombre.*

Ainsi, 43,651 est plus grand que 43,6378 ; les parties

entières sont égales et les premiers chiffres décimaux sont égaux ; mais le second chiffre décimal de 43,651 est supérieur au second chiffre décimal de 43,6378.

**146. Déplacement de la virgule.** — Si dans un nombre décimal, on avance la virgule de 1, 2,... rangs vers la droite, les chiffres qui y figurent expriment des unités 10, 100,... fois plus grandes que celles qu'ils exprimaient précédemment ; le nouveau nombre est donc 10, 100,... fois plus grand que le premier.

Ainsi 43,56 est 10 fois plus grand que 4,356.

Cela résulte d'ailleurs immédiatement de ce que le premier est la fraction $\dfrac{4\,356}{100}$ et le second est la fraction $\dfrac{4\,356}{1\,000}$, cette dernière étant 10 fois plus petite que la première.

## QUESTIONS

1. Définir une fraction décimale.

2. Comment peut-on décomposer une fraction décimale ?

3. Quelles sont les unités d'ordre décimal ?

4. Suivant quelle loi se forment ces unités ?

5. Quelle convention fait-on pour écrire une fraction décimale ?

6. Qu'est-ce qu'un nombre décimal ?

7. Comment écrit-on un nombre décimal ?

8. Comment lit-on un nombre décimal ?

9. Qu'arrive-t-il si on ajoute des zéros à droite d'un nombre décimal ?

10. Comment peut-on réduire des nombres décimaux au même dénominateur ?

11. Comment compare-t-on deux nombres décimaux ?

**12.** Altère-t-on un nombre décimal en déplaçant la virgule ?

**13.** Lire les nombres

3,75,    4,07,    52,375,    503,27,    503,7081,
47,085,    59,0802,    601,003,    705,000301.

**14.** Ecrire les nombres :
Trois unités, quarante-cinq millièmes ;
Trois cent deux unités, sept millionièmes ;
Deux cent cinquante-trois dixièmes ;
Dix-sept millièmes.

**15.** Rendre les nombres suivants 100 fois plus grands :

45,175,    3,405,    2,88,    17,001,
178,04,    179,3,    0,0005,    0,7.

# CHAPITRE VI

## OPÉRATIONS SUR LES NOMBRES DÉCIMAUX

### Addition.

**147.** On se propose ici de trouver les résultats des opérations relatives aux fractions décimales, en se servant des nombres décimaux ; nous répétons donc les opérations déjà faites, mais en employant une autre notation plus commode.

Soient les nombres $45,317$ et $2,34$ ; ce sont les fractions

$$\frac{45\,317}{1\,000}, \quad \frac{2\,340}{1\,000}.$$

La somme a pour numérateur $45\,317 + 2\,340$ et pour dénominateur $1\,000$ ; on fera la somme

$$
\begin{array}{r}
45,317 \\
2,340 \\
\hline
47,657
\end{array}
$$

et on fera exprimer au résultat des millièmes, ce qui revient à séparer 3 chiffres à droite par une virgule.

RÈGLE. — Nous voyons alors qu'*il suffit d'écrire les deux nombres l'un au-dessous de l'autre, les unités de même ordre étant dans une même colonne ; on ajoute sans tenir compte des virgules, puis on place au-dessous des virgules des nombres, une virgule dans la somme trouvée.*

**148.** Il est manifeste que cette règle est applicable pour l'addition de plusieurs nombres ; soient, par exemple, les nombres 3,045 ; 0,036 et 7,21 ; nous disposons l'opération ainsi :

$$\begin{array}{r} 3,045 \\ 0,036 \\ 7,210 \\ \hline 10,291 \end{array}$$

## Soustraction.

**149.** Soit à retrancher 35,47 de 78,7 ; ces nombres sont égaux aux fractions

$$\frac{3\,547}{100} \quad \text{et} \quad \frac{7\,870}{100}.$$

Pour faire la différence de ces fractions, on retranchera le numérateur 3 547 du numérateur 7 870, puis on fera exprimer au résultat des centièmes ; cela revient à écrire les nombres 7 870 et 3 547 l'un au-dessous de l'autre et opérer sur ces nombres entiers ; on peut alors laisser les virgules,

$$\begin{array}{r} 78,70 \\ 35,47 \\ \hline 43,23 \end{array}$$

et on mettra au résultat la virgule à la même place que dans les nombres ; on peut donc énoncer la règle suivante :

RÈGLE. — *On écrit le plus petit nombre sous le plus grand en faisant correspondre les unités de même ordre ; on fait la différence sans tenir compte des virgules et on place ensuite au résultat une virgule dans la colonne des virgules des nombres.*

Il est bien entendu que l'on met des zéros si des unités d'un certain ordre manquent dans un des nombres.

## Multiplication.

**150.** Soit à faire le produit des deux nombres 3,147 et 2,05 ; cela revient à multiplier entre elles les fractions décimales

$$\frac{3\,147}{1\,000} \quad \text{et} \quad \frac{205}{100}.$$

Le produit aura pour numérateur le produit des nombres entiers 3 147 et 205 et pour dénominateur le produit 1 000 × 100 ; mais, ce dernier produit est formé de l'unité suivi d'autant de zéros qn'il y en a dans les deux facteurs ; or, dans 1 000, il y a autant de zéros qu'il y a de chiffres décimaux dans 3,147 et dans 100 il y a autant de zéros qu'il y a de chiffres décimaux dans 2,05.

Nous voyons que le produit sera une fraction dont le numérateur est le produit des nombres entiers formés en supprimant les virgules dans les deux facteurs ; le dénominateur est l'unité suivie d'autant de zéros qu'il y a de chiffres décimaux dans les deux facteurs ; on fait le produit suivant :

$$\begin{array}{r} 3\,147 \\ 205 \\ \hline 15\,735 \\ 629\,40 \\ \hline 645\,135 \end{array}$$

La fraction cherchée est

$$\frac{645\,135}{100\,000}.$$

qui peut s'écrire en nombre décimal en séparant 5 chiffres à droite dans le numérateur ; on a ainsi

$$6,45135,$$

nombre qui contient 2 + 3 = 5 chiffres décimaux.

*Règle. — Pour faire le produit de deux nombres décimaux, on fait le produit comme pour les nombres entiers sans tenir compte des virgules; puis on sépare à droite du produit obtenu autant de chiffres décimaux qu'il y en a dans les deux facteurs.*

## QUESTIONS

**1.** Comment fait-on l'addition des nombres décimaux ?

**2.** Comment fait-on la soustraction des nombres décimaux ?

**3.** Comment multiplie-t-on un nombre décimal par 10 ?

**4.** Comment fait-on le produit de deux nombres décimaux ?

**5.** Combien y a-t-il de chiffres décimaux dans le produit de deux nombres décimaux ? — Ce nombre de chiffres décimaux peut-il être diminué dans certains cas ?

**6.** Combien y a-t-il de chiffres décimaux dans le produit de trois nombres qui ont chacun deux chiffres décimaux ? Qu'arrive-t-il si le premier est terminé par 2 et le second par 5 ?

## EXERCICES DE CALCUL MENTAL

**1.** Faire les additions suivantes :

$$3,1 + 0,05, \quad 17,04 + 1,05, \quad 17,45 + 0,129,$$
$$105,036 + 202,45, \quad 363,75 + 122,0017.$$

**2.** Faire les soustractions suivantes :

$$4,75 - 2,05, \quad 31,08 - 1,04, \quad 174 - 3,5,$$
$$75,62 - 65,31, \quad 174,67 - 104,43.$$

**3.** Faire les multiplications suivantes :

$$3,052 \times 100, \quad 0,075 \times 10, \quad 0,00305 \times 1\,000,$$
$$4,5 \times 2, \quad 54 \times 0,2, \quad 0,05 \times 0,2,$$
$$25,02 \times 0,02, \quad 40,2 \times 0,5, \quad 2,5 \times 0,04.$$

## EXERCICES ÉCRITS ET PROBLÈMES

**1.** Faire les additions suivantes :

$$4,753 + 35,04 + 703;2, \quad 54,02 + 3,075 + 152,7,$$
$$405,031 + 0,0752 + 4,71, \quad 0,003 + 0,0725 + 0,701.$$

**2.** Faire les soustractions suivantes :

$$4,853 - 3,17, \quad 67,8705 - 32,007, \quad 0,06 - 0,035,$$
$$48,707 - 0,897, \quad 34,706 - 33,098, \quad 7,003 - 0,0871.$$

**3.** Faire les multiplications suivantes :

$$4,05 \times 3,12, \quad 43,75 \times 1,7, \quad 28,02 \times 0,6,$$
$$435,782 \times 67,05, \quad 378,004 \times 0,067, \quad 487,9 \times 0,7504.$$

**4.** Effectuer les opérations suivantes :

$$3,14 \times (0,5)^2 - 1,2 \times 0,06, \quad (3,14 + 0,75) \times (74,2 - 68,75),$$
$$144,67 - (12,8 - 3,75) \times (3^2 - 4,7) + (39,5 - 17,18) \times 1,05.$$

**5.** Le poids du litre d'air est $1^{gr},293$ ; quel est le poids de $11^{litres},5$.

**6.** Une pièce de 10 francs en or pèse $3^{gr},2258$ ; quel est le poids de $150^{fr}$ en or ?

**7.** Une pièce d'argent de $5^{fr}$ pèse 25 grammes ; une pièce d'or de 10 francs pèse $3^{gr},2258$ ; on échange 8 pièces de $5^{fr}$ en argent contre des pièces d'or ; combien la somme en or pèse-t-elle de moins que la somme en argent ?

**8.** La durée exacte de l'année est 365 jours,242 217 ; de combien est-on en retard au bout de 50 ans, si l'on compte l'année de 365 jours ?

**9.** Si l'on compte les années bissextiles de 366 jours tous les 4 ans, est-on en retard ou en avance au bout de 100 ans, et quelle est l'erreur ?

**10.** Un marchand a acheté 11 douzaines d'objets à raison de $3^{fr},25$ l'objet ; il reçoit en plus 1 objet gratis par douzaine ; quel est son bénéfice, s'il revend les objets au prix de $3^{fr},70$ ?

**11.** Les pièces de $5^{fr}$ en argent contiennent 9 dixièmes d'argent pur ; les pièces de 1 et $2^{fr}$ contiennent 835 millièmes d'argent pur ; sachant que $1^{fr}$ pèse 5 grammes, quel est le poids de l'argent pur contenu dans $8^{fr}$ de petite monnaie et $50^{fr}$ en pièces de $5^{fr}$ ?

**12.** Un marchand de vin mélange 285 litres de vin à $0^{fr},55$ le litre et 372 litres à $0^{fr},45$ le litre ; il vend le litre du mélange $0^{fr},60$ ; combien gagne-t-il ?

**13.** La vitesse du son dans l'air est 337 mètres,2 par seconde ; on entend le bruit du tonnerre 5 secondes,4 après avoir vu l'éclair ; à quelle distance s'est produit le coup de tonnerre, si on suppose que la lumière s'est transmise instantanément ?

**14.** Une allée d'arbres a 600 mètres de longueur ; elle est plantée d'arbres distants l'un de l'autre de 12 mètres ; chaque arbre coûtant

12$^{fr}$,65 et les frais de plantation étant pour chaque arbre de 1$^{fr}$,35, quel est le prix de revient de la plantation de cette allée ?

**15.** On veut partager 457$^{fr}$,25 entre trois personnes de manière que la première ait 32$^{fr}$,15 de plus que la seconde, et la seconde 22$^{fr}$,05 de plus que la troisième ; combien aura chacune d'elles ?

**16.** Chaque élève d'une pension boit 0$^l$,45 de vin par jour ; la pension a 84 élèves. Il y a dans l'année 46 jours de congé pendant lesquels la moitié des élèves sont absents, et 57 jours de vacances pendant lesquels il ne reste que $\frac{1}{6}$ des élèves ; quelle est la dépense annuelle, si le vin coûte 0$^{fr}$,40 le litre ?

**17.** Un marchand achète une pièce de drap de 35 mètres à raison de 8$^{fr}$,65 le mètre ; on lui fait une remise de $\frac{1}{25}$ ; il revend le drap à raison de 9$^{fr}$,15 ; quel bénéfice réalise-t-il ?

**18.** Un fil de laiton s'allonge pour chaque élévation de température de 1 degré de 0,000 018 782 de sa longueur ; il a 3 mètres,51 à 0 degré ; quelle est sa longueur à 17°,5 ?

**19.** On mélange 3 litres d'alcool et 2 litres d'eau à la température de 15 degrés ; la densité de l'alcool est 0,795 ; celle de l'eau est 0,999 549 ; quel est le poids du mélange ? — La densité est le poids d'un litre du corps.

**20.** On a acheté un fût d'huile pesant brut 24 kilogrammes ; il contient 20 litres d'huile ; le prix d'achat est de 1$^{fr}$,50 le kilogramme et le prix de vente de 2$^{fr}$,10 le litre ; la densité de l'huile est 0,915. Quel est le bénéfice réalisé et quel est le poids du fût vide ?

**21.** Un marchand a acheté 285 mètres d'étoffe à 18$^{fr}$,50 le mètre. Il en a revendu les $\frac{3}{5}$ avec un bénéfice de $\frac{15}{100}$, et le reste avec une perte de $\frac{84}{1000}$ ; combien a-t-il gagné ou perdu ?

# CHAPITRE VII

## RÉDUCTION DES FRACTIONS ORDINAIRES EN FRACTIONS DÉCIMALES

**151.** Nous avons vu dans le chapitre précédent que le calcul des fractions décimales se faisait très simplement comme le calcul des nombres entiers; il y a donc intérêt à remplacer, quand cela est possible, une fraction ordinaire par une fraction décimale égale; nous allons montrer que cette transformation est possible dans certains cas d'une façon absolue et, dans tous les cas, d'une façon suffisamment approchée.

**152. EXEMPLES.** — Soit la fraction $\dfrac{3}{5}$; en multipliant ses deux termes par 2, on obtient la fraction décimale $\dfrac{6}{10}$ que l'on peut écrire 0,6.

Au lieu de procéder ainsi, je rends la fraction $\dfrac{3}{5}$ 10 fois plus grande en multipliant son numérateur par 10; la nouvelle fraction $\dfrac{30}{5}$ est le quotient de 30 par 5; c'est le nombre 6; je rends ce nombre 10 fois plus petit en écrivant 0,6; cette suite d'opérations revient à ajouter un zéro à droite du dividende 3, à mettre une virgule à droite du o obtenu au quotient et à continuer l'opération comme pour les nombres entiers.

Soit encore la fraction $\frac{432}{25}$; je puis d'abord multiplier les deux termes par 4, ce qui donne $\frac{1728}{100}$ ou 17,28.

Procédons autrement : je multiplie le numérateur par 100 et je fais la division de 43 200 par 25.

$$\begin{array}{r|l} 43\,200 & 25 \\ \hline 18\,2 & 1728 \\ 7\,0 & \\ 200 & \\ 000 & \end{array}$$

Le quotient obtenu est 1 728; mais, comme il est 100 fois trop grand, nous mettrons une virgule après 7; on a ainsi 17,28.

En suivant l'opération qui précède, on constate que l'on a divisé 432 par 25 ; le quotient est 17 ; puis, pour continuer on a abaissé un zéro à droite du reste 7, en mettant alors une virgule au quotient.

**153.** Dans les deux exemples précédents, on a trouvé un quotient exact formé de dixièmes ou de centièmes ; il n'en est pas toujours ainsi. Considérons, par exemple, la fraction $\frac{1}{3}$; en la rendant 10 fois plus grande, on a $\frac{10}{3}$ qui est égal à $3+\frac{1}{3}$; si on la rend 100 fois plus grande on a $33+\frac{1}{3}$; c'est-à-dire que $\frac{1}{3}$ est égale à $0,3+\frac{1}{30}$, à $0,33+\frac{1}{300}$, etc...; cette fraction est aussi égale à 3 dixièmes, ou 33 centièmes augmentés d'une autre fraction et si loin que l'on continue, on aura un résultat analogue; on ne pourra donc pas trouver une fraction décimale égale à $\frac{1}{3}$.

**154.** Dans les problèmes qui se présentent pratiquement, il est souvent inutile d'avoir des nombres exacts; il est permis de les remplacer par des nombres qui en diffèrent très peu; ainsi, si l'on a à payer une somme de trois cents francs et quelques centimes, on néglige ces centimes. A ce point de vue, il sera inutile de conserver les fractions ordinaires qui figurent dans les calculs et on les remplacera par des nombres décimaux qui en diffèrent peu, de 1 dixième, 1 centième, etc., suivant les cas.

Nous avons vu dans la division des nombres entiers que, quand la division n'était pas possible, on cherchait le quotient à 1 unité près par défaut; c'était le plus grand nombre de fois que le diviseur était contenu dans le dividende; nous avons vu aussi que c'était le plus grand entier contenu dans la fraction formée par le dividende et le diviseur; nous allons généraliser ces résultats:

**155. Définition.** — *On appelle* VALEUR APPROCHÉE *à*
$$\frac{1}{10}, \frac{1}{100}, \frac{1}{1\,000},\dots \text{ près par défaut d'une fraction, le}$$
*plus grand nombre de dixièmes, de centièmes, de millièmes,… contenus dans cette fraction.*

Soit à trouver le quotient à 1 centième près de 341 par 75; c'est chercher la valeur de la fraction $\dfrac{341}{75}$ à 1 centième près; je multiplie 341 par 100 et je divise par 75.

$$
\begin{array}{r|l}
34\,100 & 75 \\ \hline
4\,10 & 454 \\
350 & \\
50 &
\end{array}
$$

454 est le nombre de centièmes cherché, comme il est facile de s'en rendre compte.

La fraction $\dfrac{34\,100}{75}$ contient 454 entiers; la fraction

$\dfrac{341}{75}$ contient donc bien 454 centièmes ; elle n'en contient pas 455 ; sans quoi, la fraction $\dfrac{34\,100}{75}$ en contiendrait au moins 100 fois plus, elle contiendrait donc 455 entiers, ce qui n'est pas.

Nous voyons ainsi que le quotient à 1 centième près est 4,54, et en suivant la marche de l'opération, on peut établir la règle suivante :

**156. Règle.** — *Pour trouver le quotient de deux nombres à* $\dfrac{1}{10}$, $\dfrac{1}{100}$, $\dfrac{1}{1\,000}$, *... près par défaut, on divise le dividende par le diviseur, puis lorsque le reste est plus petit que le diviseur, on place un zéro à droite du reste, on met une virgule au quotient et on continue la division en ajoutant toujours un zéro à droite du dernier reste ; on arrête l'opération quand on a écrit au quotient le chiffre des dernières unités décimales que l'on cherche.*

*Si, après avoir mis un zéro à la droite d'un reste, la division est impossible, on met zéro au quotient et on ajoute de nouveau un zéro à droite du reste.*

Exemple : Trouver à $\dfrac{1}{1\,000}$ près le quotient de 45 par 423.

$$
\begin{array}{r|l}
450 & 423 \\
2700 & 0,106 \\
162 &
\end{array}
$$

Le quotient est 0,106.

**157.** Il peut arriver que le quotient à $\dfrac{1}{10}$, $\dfrac{1}{100}$, $\dfrac{1}{1\,000}$, ... près soit exact ; on s'en apercevra par ce fait que l'on arrive à un reste nul en continuant l'opération ; si, au contraire, on est conduit à écrire un dividende partiel déjà employé après l'adjonction des zéros, les mêmes opérations se répéteront indéfiniment et il n'y aura jamais de reste nul.

## Division des nombres décimaux.

**158. Exemple.** — Soit à trouver le quotient de 4,35 par 3,2 ; ces nombres sont les fractions

$$\frac{435}{100} \quad \text{et} \quad \frac{32}{10}.$$

Le quotient est

$$\frac{435}{100} \times \frac{10}{32} = \frac{435}{320}.$$

Il reste à trouver le nombre décimal qui est égal à cette fraction ; en général, ce nombre n'existe pas et, comme on l'a vu plus haut, on devra se borner à chercher sa valeur approchée.

Si nous appliquons la règle précédente, nous ferons 'opération comme ci-dessous :

$$\begin{array}{r|l} 435 & \underline{320} \\ 1150 & 1,3 \\ 190 & \end{array}$$

Le quotient à $\frac{1}{10}$ près est 1,3.

Nous pouvons remarquer qu'on aurait pu ne pas écrire o à droite de 32 ; on aurait alors placé la virgule après 3 dans 435 et on aurait placé une virgule au quotient en abaissant le chiffre décimal 5 du dividende.

Soit encore à chercher le quotient à $\frac{1}{10}$ près de 3,24 par 2,545 ; ces nombres sont les fractions

$$\frac{324}{100} \quad \text{et} \quad \frac{2\,545}{1\,000}.$$

Le quotient exact est

$$\frac{324 \times 1\,000}{2\,545 \times 100} = \frac{3\,240}{2\,545}.$$

Je divise 3 240 par 2 545 :

$$
\begin{array}{r|l}
3\,240 & 2\,545 \\
6950 & 1,2 \\
1860 &
\end{array}
$$

Le quotient est 1,2.

**159.** Dans ces deux exemples, on a commencé par faire disparaître la virgule du diviseur en la reculant dans le dividende d'un rang dans le premier cas, où il y avait un seul chiffre décimal au diviseur; dans le second exemple, le diviseur avait trois chiffres décimaux, le dividende en avait deux; on a alors supprimé la virgule du dividende et ajouté un zéro à droite; de ces remarques résulte la règle suivante:

RÈGLE. — *Pour trouver le quotient de deux nombres décimaux, on supprime la virgule du diviseur et on la recule au dividende d'autant de rangs vers la droite qu'il y a de chiffres décimaux au diviseur, en ajoutant des zéros à droite du dividende s'il a moins de chiffres décimaux que le diviseur.*

*On divise ensuite comme pour les nombres entiers, en plaçant une virgule au quotient quand on abaisse le premier chiffre décimal restant au dividende, s'il en reste; s'il n'y a plus de chiffres décimaux au dividende, on met la virgule au quotient quand on ajoute un zéro qui n'était pas écrit au dividende.*

*On continue ainsi jusqu'à ce que l'on ait écrit au quotient le chiffre de l'ordre décimal cherché.*

**160.** Il est un cas particulier intéressant, celui dans lequel le diviseur est 10, 100, 1 000,...

*Pour diviser un nombre décimal ou entier par 10, 100, 1 000,... on avance la virgule de 1, 2, 3,... rangs vers la gauche.*

Ainsi, le quotient de 44,5 par 10 est 4,45. Nous savons, en effet, que le premier est 445 dixièmes, le second 445 centièmes; il est donc 10 fois plus petit que le premier.

## QUESTIONS

**1.** Qu'appelle-t-on réduire une fraction ordinaire en fraction décimale ?

**2.** Cette réduction est-elle toujours possible ? Exemples.

**3.** Définir le quotient de deux nombres entiers à 0,1 près.

**4.** Comment trouve-t-on ce quotient ?

**5.** Peut-on reconnaître si la division à 0,1, 0,01, 0,001, ... près ne se termine pas ?

**6.** Comment trouve-t-on le quotient de deux nombres décimaux ?

**7.** Comment divise-t-on un nombre par 10, 100, 1 000,...?

**8.** Montrer que pour multiplier un nombre par 10, on peut le diviser par 0,1.

**9.** Montrer que pour diviser un nombre par 0,1, on peut reculer la virgule d'un rang vers la droite.

## EXERCICES DE CALCUL MENTAL

**1.** Effectuer les divisions :

$$4,503 : 10, \quad 0,035 : 100, \quad 1483,7 : 1\,000,$$
$$3,25 : 0,1, \quad 48,07 : 0,01, \quad 6508,3 : 0,001,$$
$$4,5 : 5, \quad 48,4 : 4, \quad 36,39 : 3, \quad 7,52 : 2,$$
$$48 : 0,2, \quad 5,7 : 0,03, \quad 8,4 : 0,7, \quad 40,5 : 0,009,$$
$$4,8 : 1,2, \quad 0,72 : 0,09, \quad 8,1 : 0,9, \quad 0,081 : 0,009.$$

## EXERCICES ÉCRITS ET PROBLÈMES

**1.** Effectuer les divisions suivantes à 0,001 près :

$$4,758 : 3,146, \qquad 750,3 : 8,2, \qquad 645,24 : 3,15.$$
$$75,367 : 2,14, \qquad 636,75 : 8,7, \qquad 750,02 : 0,4.$$
$$8,3 : 0,42, \qquad 91,24 : 3,045, \qquad 0,08 : 4,752$$

**2.** Trouver les quotients exacts suivants :

$$75,34 : 0,5, \qquad 82,075 : 2,5, \qquad 75,207 : 40,$$
$$48,07 : 0,25, \qquad 7,304 : 0,125, \qquad 4,08 : 6,25$$

**3.** Trouver à 0,01 près les quotients :

$$\frac{3}{5} : \frac{14}{11}, \qquad \frac{2}{7} : \frac{3}{8}, \qquad \frac{6}{19} : \frac{2}{15}, \qquad \frac{14}{17} : \frac{3}{19}$$

$$\left(\frac{1}{3} + \frac{1}{4}\right) : \left(\frac{2}{5} - \frac{1}{7}\right), \qquad \left(\frac{3}{8} - \frac{2}{11}\right) : \left(\frac{7}{9} - \frac{2}{7}\right).$$

**4.** Un papetier vend des cahiers à raison de 2 pour 0$^{fr}$,15 ; il a touché 3$^{fr}$,75 ; combien a-t-il vendu de cahiers ?

**5.** On a brûlé 28 hectolitres de coke à 2$^{fr}$,30 l'hectolitre. Combien faudrait-il brûler de charbon de terre à 3$^{fr}$,20 les 50 kilogrammes pour faire la même dépense ?

**6.** Le tabac à fumer est vendu 0$^{fr}$,80 les 50 grammes, et la remise faite aux débitants est $\dfrac{8}{100}$ ; quelle quantité de tabac vend un marchand qui réalise un bénéfice de 4 francs ?

**7.** Un libraire achète des livres marqués 3$^{fr}$,50 au prix de 2$^{fr}$,75 ; il en reçoit un gratis par douzaine ; il a réalisé un bénéfice de 48$^{fr}$ ; combien a-t-il vendu de livres en les vendant 3$^{fr}$ ?

**8.** Une personne achète une pièce de drap de 49 mètres à raison de 13$^{fr}$,50 le mètre ; le $\dfrac{1}{7}$ de la pièce est gâté et ne peut être vendu ; combien doit elle revendre le mètre pour ne rien perdre ?

**9.** Un hectolitre de noix donne 30 kilogrammes d'amandes épluchées, qui rendent les $\dfrac{31}{60}$ de leur poids d'huile. La densité de l'huile de noix est 0,928. Combien faut-il d'hectolitres de noix pour fournir 6 litres d'huile ?

**10.** On veut diviser deux règles en divisions d'égale longueur ; ces règles ayant respectivement $1^m,20$ et $0^m,80$, quelle est la plus grande longueur que l'on puisse donner à chaque division ?

**11.** Le diamètre d'une pièce de $5^{fr}$ en argent est $0^m,037$ ; celui d'une pièce de $2^{fr}$ est $0^m,022$. On veut former une longueur de 2 mètres avec 80 de ces pièces. Combien faut-il en prendre de chaque espèce ?

**12.** On achète 5 kilogrammes de chocolat et 3 kilogrammes de café pour $43^{fr},20$ ; une autre fois, on achète 5 kilogrammes du même chocolat et $4^{kg},5$ du même café pour $52^{fr},80$ ; quels sont les prix du kilogramme de chocolat et du kilogramme de café ?

**13.** La distance de Paris à Lyon est 512 kilomètres. Un train part de Paris à 8 heures du soir et fait 48 kilomètres à l'heure ; un autre train part de Lyon à $9^h\dfrac{3}{4}$ du soir et fait $37^{km},6$ à l'heure ; ils vont à la rencontre l'un de l'autre. A quelle heure se rencontreront-ils et à quelle distance de Paris ?

**14.** Une ouvrière gagne par journée de travail $4^{fr},75$ ; elle dépense par jour 3 francs en moyenne pour son logement, sa nourriture et son entretien ; combien aura-t-elle économisé du $1^{er}$ mars au 30 mars compris, si elle n'a pas travaillé le dimanche, sachant que le $1^{er}$ mars est un samedi ? Combien devrait-elle gagner par jour pour avoir économisé $50^{fr}$ ?

**15.** Deux personnes achètent en commun 40 mètres de soie pour $390^{fr}$ ; au moment du partage, l'une paie 39 francs de plus que l'autre ; combien ont-elles acheté chacune de mètres de soie ?

**16.** Un commis voyageur reçoit 12 francs par jour et $\dfrac{25}{1000}$ sur le montant de ses ventes ; après 18 jours, il reçoit en tout $340^{fr},50$ ; quel est le montant de ses ventes ?

**17.** Une pièce d'or de 5 francs pèse $\dfrac{10}{155}$ du poids de la pièce de 5 francs en argent ; cette dernière pesant 25 grammes, quel est à $\dfrac{1}{100}$ près le poids de la pièce d'or ?

**18.** La densité du mercure étant 13,6, quel est le volume en litres de 4 kilogrammes de mercure ; on évaluera le volume à $\dfrac{1}{1000}$ près.

**19.** Le gramme d'or pur vaut 3$^{fr}$,437 ; un lingot pèse 980 gram-mes et contient $\frac{9}{11}$ de son poids d'or pur ; quelle est la valeur de l'or qu'il contient à 1 centime près ?

**20.** Un marchand achète 228 litres de vin à raison de 0$^{fr}$,55 le litre ; il y ajoute 30 litres d'eau ; il veut réaliser un bénéfice d'au moins 40 francs ; quel doit être le prix de vente de chaque litre, sachant que ce prix est un nombre exact de $\frac{1}{10}$ de francs ? Quel est son bénéfice exact, s'il majore le prix exact de moins de $\frac{1}{10}$ ?

# LIVRE III

# SYSTÈME MÉTRIQUE

---

## Introduction. Historique.

**161.** Nous avons vu comment on pouvait remplacer des longueurs par des nombres et faire très simplement à l'aide de ces nombres des opérations qui correspondent à des combinaisons qu'il serait malaisé d'effectuer sur les longueurs elles-mêmes. Si le nombre ne servait qu'à la représentation des longueurs, il n'y aurait pas grand intérêt à introduire le nombre ; mais, de même que le nombre entier correspond à des collections, *quelle qu'en soit la nature,* de même le nombre entier et la fraction sont susceptibles de représenter, non seulement des longueurs, mais des surfaces, des volumes, des poids, etc., en un mot, des *grandeurs.*

Nous avons vu (4) comment le nombre entier pouvait servir à cette représentation ; pour montrer que la fraction atteint le même but, imaginons que dans un plateau d'une balance on mette 1 kilogramme, puis dans l'autre trois poids égaux, de façon à établir l'équilibre ; on dira que chacun de ces poids est $\frac{1}{3}$ de kilogramme, et on voit très simplement que l'on peut répéter sur les fractions de kilogramme ce qui a été dit sur les fractions déduites de l'étude des longueurs.

**162.** Sans insister davantage sur ce point, nous remarquerons seulement que la représentation des grandeurs par les nombres suppose que l'on a fait choix d'une *unité* fixe, bien connue, à l'aide de laquelle on pourra construire toutes les grandeurs de même espèce.

Les principales grandeurs que nous ayons à étudier sont la *longueur*, la *surface*, le *volume*, le *poids* et la *valeur* des objets, mesurée à l'aide des *monnaies*.

**163. Unités.** — En réalité, il suffirait de choisir pour chacune de ces grandeurs une unité ; mais ce procédé qui, théoriquement, est suffisant, présenterait dans la pratique de grands inconvénients : nous sommes peu habitués à nous représenter de grands nombres : quand on parle d'une longueur de 25 000 mètres, on n'exprime rien que l'on imagine de façon précise.

On a obvié à cette difficulté en créant à côté de l'*unité principale*, des *unités secondaires* déduites de la première et qui servent à la représentation des grandeurs trop grandes ou trop petites pour que leur comparaison à l'unité principale n'indique rien de net.

**164. Unités anciennes.** — Le problème ainsi posé a été résolu de façons différentes ; mais, jusqu'à l'établissement du système métrique, la solution donnée était très imparfaite. Les unités choisies variaient, non seulement d'un pays à un autre, mais, en France même, une unité variait d'une province à une autre, d'une ville à une autre ; il y avait là un grave inconvénient pour les échanges commerciaux.

Il y a plus ; ces unités variables d'une province à une autre n'étaient nulle part définies de façon précise et pouvaient se modifier d'une époque à une autre.

Enfin, les unités secondaires se déduisaient des unités principales d'après des lois compliquées et irrégulières ; ainsi l'unité de longueur, la toise, se divisait en 6 pieds ; le pied, en 12 pouces ; le pouce, en 12 lignes.

Ajoutons à cela qu'aucune relation simple ne reliait entre elles les diverses unités.

**165. Système métrique.** — Il était indispensable de modifier cet état de choses, et le 9 mai 1790, l'Assemblée constituante rendit un décret décidant l'uniformité du système des poids et mesures en France et chargea une commission de savants de préparer ce système (*).

Le système fut adopté dans son ensemble le 3 novembre 1801, et la loi du 4 juillet 1837 proscrivit les anciennes mesures; le *système métrique* devint obligatoire à partir du 1er janvier 1840.

**166. Système décimal.** — Pour remédier à l'inconvénient qui résultait des relations arbitraires établies entre l'unité principale et les unités secondaires, il fut décidé que les unités secondaires seraient les multiples et sous-multiples décimaux de l'unité principale, c'est-à-dire que chaque unité secondaire est 10, 100, ... fois plus grande ou plus petite que l'unité principale.

De cette façon, une règle uniforme convient à toutes les mesures ; et, de plus, comme nous avons adopté le système de numération décimale, rien n'est plus simple que de passer d'une unité à une autre dans l'évaluation des nombres qui mesurent les grandeurs : un déplacement de la virgule déduit le nombre relatif à une unité secondaire du nombre relatif à l'unité principale.

**167.** On convint ensuite d'adopter une *unité fondamentale, le mètre, à laquelle on rattacherait* très simplement *les autres unités,* de façon qu'il fût toujours possible de déterminer avec précision chacune de ces unités.

---

(*) La commission était composée de Berthollet, Borda, Delambre, Lagrange, Laplace, Méchain et Prony.

**168.** Le système métrique est aujourd'hui adopté dans la plupart des États; il est facultatif en Russie, en Turquie, en Angleterre, au Canada et aux États-Unis; une commission internationale dite *Commission du mètre* a été établie en 1875 par une convention entre seize États différents et a pour but de généraliser l'adoption du système.

Un bureau international installé près de Paris, au pavillon de Breteuil (parc de Saint-Cloud), est chargé de réunir toutes les données relatives aux mesures de précision ; là, sont déposés les étalons des diverses unités, et c'est à l'aide de ces étalons que l'on établit les mesures effectives usitées dans le commerce.

# CHAPITRE I

## MESURES DE LONGUEUR

**169. Le mètre.** — *L'unité principale de longueur est le mètre.* La commission instituée par la Convention décida que le mètre serait la *dix-millionième partie du quart du méridien terrestre (fig. 5)* ; autrement dit, un grand cercle qui fait le tour de la terre en passant par les pôles (*) doit avoir 40 millions de mètres.

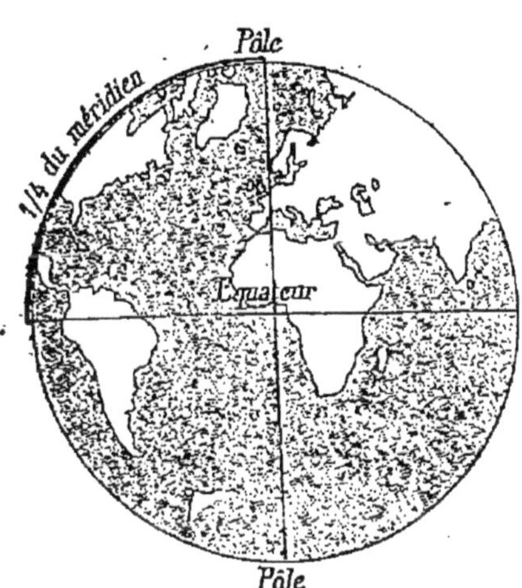


Fig. 5. — On a pris pour longueur du mètre la dix-millionième partie du quart du méridien terrestre.

Pour construire le mètre ainsi défini, il fallait mesurer le méridien avec la toise, ancienne mesure.

Pour comprendre comment il est possible de mesurer un méridien terrestre, imaginons qu'on puisse tracer réellement ce cercle sur la terre et obtenir la longueur d'un arc de 1 degré (**). Comme la circonférence a 360 degrés, il suffira de multiplier la longueur de 1 degré par 360 pour en déduire la longueur du méridien.

Il y a donc deux choses à faire :

---

(*) Les pôles sont les points d'intersections de la surface de la terre et de l'axe du mouvement de rotation de la terre.

(**) Voir pour la division de la circonférence en degrés, minutes et secondes dont il est fait usage dans ce paragraphe, le n° 250.

1° Mesurer la distance de deux points B et D (fig. 6) situés

Fig. 6.

sur le même méridien : on y arrive avec la précision nécessaire par les procédés de la *triangulation* employés en *Géodésie* ;

2° Déterminer le nombre de degrés de l'arc BD considéré du méridien : ce nombre est la différence de latitude (*) des deux points B et D. En divisant la longueur mesurée de l'arc BD par le nombre de degrés de cet arc on aura la longueur de 1 degré.

Delambre et Méchain mesurèrent l'arc du méridien de Paris compris entre Dunkerque et Barcelone (*fig. 6*) et trouvèrent environ 1 074 750$^m$.

La différence de latitude entre Dunkerque et Barcelone étant 9°40'21",9 ou 348 219 dixièmes de seconde (**), on en déduit que l'arc de 1 degré (qui vaut 36 000 dixièmes de seconde) a pour longueur

$$\frac{1\,074\,750 \times 36\,000}{348\,219} = 111\,111^m,111.$$

Les 360° du méridien ont donc pour longueur

$$111\,111,111 \times 360 = 39\,999\,999^m,99\ldots$$

REMARQUE. — L'arc ayant été mesuré en toises, cette longueur fut calculée en toises et ce fut la 40 000 000$^e$ partie de cette longueur qui fut prise pour longueur du mètre.

Il est inutile d'insister pour faire ressortir l'extrême diffi-

---

(*) On a appris en géographie que la latitude d'un lieu D est l'arc LD, compté sur le méridien du point D à partir de l'équateur.

(**) Voir la raison de cette réduction en dixièmes de seconde au paragraphe 258. Cette réduction s'établit ainsi :

| | | | |
|---|---|---|---|
| 9° | valent | $9 \times 60 \times 60 =$ | 32 400" |
| 40' | — | $40 \times 60$ | 2 400 |
| 21" | — | | 21 |
| 0,9 | — | | 0,9 |
| 9° 40' 21",9 | | | 34 821",9 = 348 219 dixièmes de seconde. |

culté de ces mesures ; comme les points D et B sont très
éloignés l'un de l'autre, que le sol entre D et B comporte de
nombreux accidents de terrain, des erreurs sont à peu près
inévitables ; les mesures ayant été effectuées à une époque où
les instruments étaient loin d'avoir la précision que l'on obtient aujourd'hui, il n'y a pas lieu de s'étonner que le
mètre adopté ne réponde pas exactement à sa définition (*).

*En réalité, le mètre est la longueur à 0° d'une règle en
platine déposée aux Archives nationales.*

**170. Unités secondaires.** — Ce sont les multiples et
sous-multiples décimaux :

| | | | | |
|---|---|---|---|---|
| Le *décamètre* | qui vaut | 10 mètres, | et que l'on écrit | $1^{Dm}$. |
| L'*hectomètre* | — | 100 mètres, | — | $1^{Hm}$. |
| Le *kilomètre* | — | 1 000 mètres, | — | $1^{Km}$. |
| Le *myriamètre* | — | 10 000 mètres, | — | $1^{Mm}$. |
| Le *décimètre*, | qui vaut 0,1 | du mètre, | et que l'on écrit | $1^{dm}$. |
| Le *centimètre*, | — 0,01 | du mètre, | — | $1^{cm}$. |
| Le *millimètre*, | — 0,001 | du mètre, | — | $1^{mm}$. |

Enfin, on emploie quelquefois le mot *mégamètre*, qui
désigne un million de mètres, et le mot *micron* (que
l'on désigne par μ. — prononcez *mu*), qui est la millio-
nième partie du mètre ; cette unité de longueur est adoptée
pour les recherches au microscope.

**171. Changement d'unités.** — Les différentes unités
secondaires dérivent ainsi du mètre d'après la loi décimale ; il en résulte que si l'on adopte une de ces unités,
les longueurs seront représentées à l'aide de l'unité pratique choisie par des nombres entiers ou décimaux, si ces
longueurs sont formées à l'aide des diverses unités.

---

(*) En 1736, Bouguer, Godin et La Condamine avaient mesuré un arc de
méridien au Pérou ; Clairaut et Maupertuis en Laponie ; on s'aperçut ainsi
que la terre n'est pas sphérique et est aplatie aux pôles.

Les mesures faites par Delambre et Méchain, dont nous parlions plus haut,
entre Dunkerque et Barcelone, servirent de base aux travaux de la Commission du système métrique. — Les mesures faites par Biot et Arago et conti-
nuées par le général Perrier ont montré que le mètre légal est trop court de
2 dixièmes de millimètre.

Ainsi, la longueur formée par 2 hectomètres 3 mètres est représentée par 203$^m$.

La longueur formée par 1 décamètre, 3 mètres, 2 centimètres, est représentée par 13$^m$,02.

Une longueur pourrait être représentée par un nombre entier ou décimal en adoptant le mètre pour unité pratique; mais il y a intérêt à exprimer une longueur à l'aide d'une unité de même ordre de grandeur; c'est pourquoi on a introduit les unités secondaires; une question se pose alors : qu'arrive-t-il si on change l'unité? la solution en est immédiate, si l'on remarque que les unités se succèdent suivant la loi décimale.

EXEMPLES : *Écrire* 13$^{Dm}$,04 *en prenant le mètre pour unité.*

La longueur considérée est formée de 100$^m$ + 30$^m$ + 4$^{dm}$ ; on peut donc l'écrire 130$^m$,4.

*Écrire* 4$^m$,05 *en prenant l'hectomètre pour unité.*

La longueur est formée de 4$^m$ + 5$^{cm}$, ou de 0,04 d'hectomètre et 0,0005 d'hectomètre ; on peut l'écrire 0$^{Hm}$,0405.

D'une façon générale, *si l'on choisit une unité* 10, 100, 1 000... *fois plus petite, il suffit de multiplier le nombre par* 10, 100, 1 000, ... *Si l'on choisit une unité* 10, 100, 1 000, ... *fois plus grande, on divise le nombre par* 10, 100, 1 000, ...

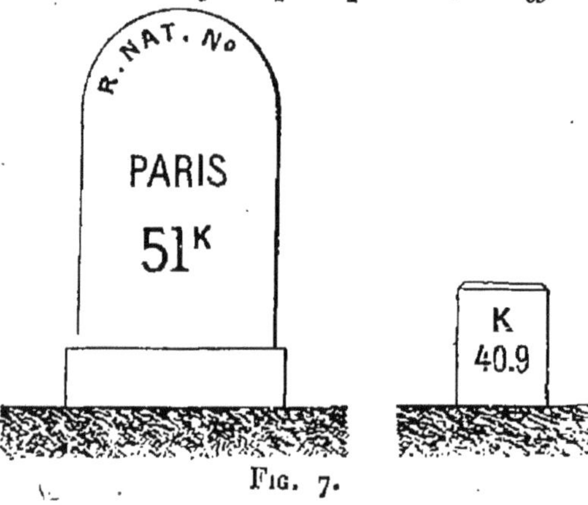


Fig. 7.

**172. Mesures itinéraires.** — Les hectomètres, kilomètres, myriamètres servent à mesurer les longueurs des chemins ; aussi, les appelle-t-on *mesures itinéraires* ; des bornes d'environ 0$^m$,40 à 0$^m$,50 de hauteur (*fig.* 7) sont placées à 1$^{Km}$ l'une de l'autre ; entre deux de ces bornes, sont placées neuf autres bornes plus petites à $1^{Hm}$ l'une de l'autre. Les nombres marqués sur les grandes bornes indiquent la distance à un point initial; les nombres marqués sur les petites bornes indiquent la distance à la grande borne qui précède. On inscrit aussi quelquefois sur une face de la grande borne le nom d'une localité avec la distance de cette localité à la borne.

**173. Mesures effectives.** — Les unités secondaires que nous venons de rencontrer ne sont pas représentées par des objets réels, que l'on peut porter effectivement bout à bout; ce sont des unités *fictives*, utiles pour simplifier le langage et l'écriture; il en est de même du centimètre et du millimètre.

Les unités intermédiaires peuvent, au contraire, être construites effectivement; on les nomme *mesures effectives*. Il y a lieu d'ailleurs d'ajouter que, dans la pratique, on a construit non seulement ces unités, mais leurs *doubles* et leurs *moitiés*.

Ceci est général et pour toutes les mesures effectives, qui doivent être vérifiées et poinçonnées par un vérificateur des poids et mesures (*), on a autorisé la construction de certaines unités secondaires, ainsi que des doubles et des moitiés.

Les mesures effectives de longueur sont:

| | | |
|---|---|---|
| le *double décamètre* | valant | 20 mètres. |
| le *décamètre* | — | 10 mètres. |
| le *demi-décamètre* | — | 5 mètres. |
| le *double mètre* | — | 2 mètres. |
| le *mètre* | — | 1 mètre. |
| le *demi-mètre* | — | $\dfrac{1}{2}$ mètre. |
| le *double décimètre* | — | $\dfrac{2}{10}$ de mètre. |
| le *décimètre* | — | $\dfrac{1}{10}$ de mètre. |

---

174. Le *double décamètre*, le *décamètre* et le *demi-*

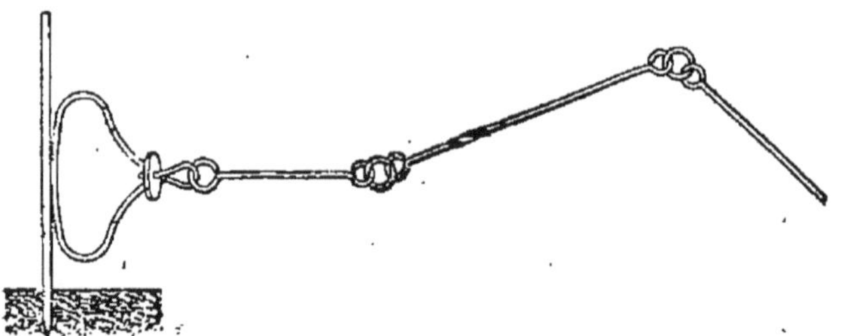

FIG. 8. — Chaîne d'arpenteur.

*décamètre*, employés par les arpenteurs, sont formés de chaînons en gros fils ou tiges de fer, ayant 20 centimètres de longueur ; les chaînons sont reliés entre eux par des anneaux ; les deux chaînons extrêmes portent une poignée, et la longueur 20$^{cm}$ est évaluée depuis la partie extérieure de la poignée jusqu'à l'anneau qui termine le chaînon ; la poignée est creusée d'une gorge extérieure. De cinq en cinq chaînons, les anneaux sont en cuivre, de façon à indiquer les longueurs égales à 1$^{m}$ ; ces chaînes sont dites *chaînes d'arpenteur* (*fig.* 8).

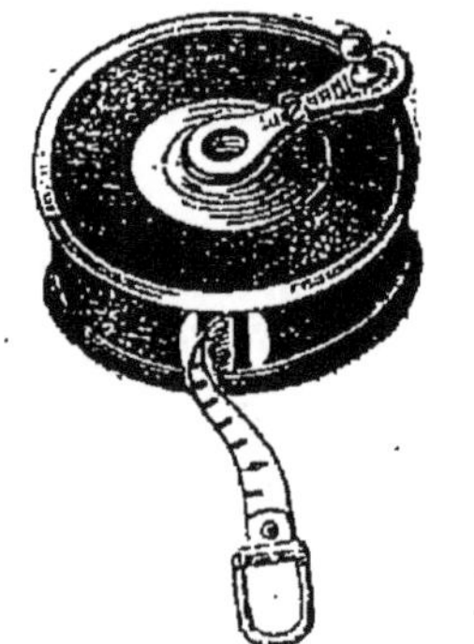

FIG. 9. — Mètre à roulette.

On emploie aussi des doubles décamètres, décamètres et demi-décamètres constitués par un ruban d'acier portant des divisions.

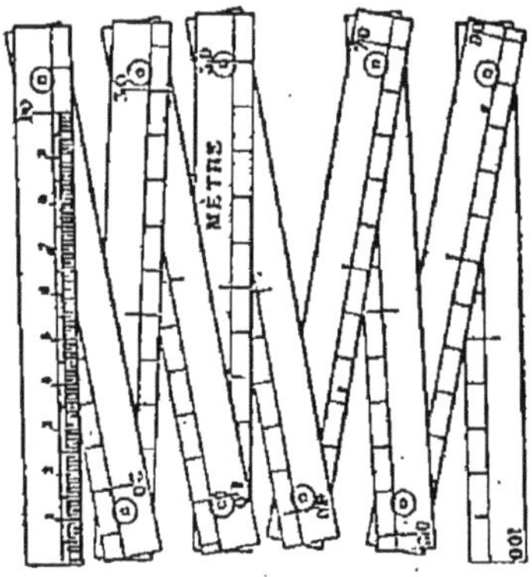

Pour mesurer les étoffes, on emploie des *doubles mètres* ou des *mètres* formés d'un ruban divisé en centimètres et pouvant s'enrouler sur une bobine ; on les appelle des *roulettes* (*fig.* 9). Les couturières et les tail-

FIG. 10. — Mètre pliant en 10 parties.

leurs se servent d'un ruban de toile cirée qui a ordinairement 1 m. 1/2 de longueur, divisé en centimètres et arrêté à ses deux extrémités par une petite bande métallique.

D'autres mètres et doubles mètres sont formés de règles en bois, divisées en décimètres, centimètres, millimètres ; les uns sont formés de règles rigides, les autres de règles pliantes (*fig.* 10), ayant chacune 10$^{cm}$ ou 20$^{cm}$.

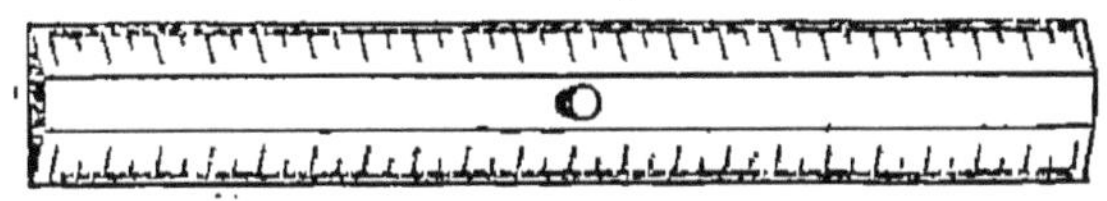

FIG. 11. — Double décimètre.

Enfin, les dessinateurs emploient des *décimètres* et des *doubles décimètres* (*fig.* 11) formés de règles taillées en biseau et portant des divisions en centimètres, millimètres et demi-millimètres ; ils sont construits en bois, en cuivre ou en ivoire.


## QUESTIONS


1. Les nombres entiers et fractionnaires peuvent-ils servir à mesurer des grandeurs ? Donner des exemples.

2. Quelles sont les principales grandeurs que l'on rencontre dans la pratique ?

3. Qu'est-ce qu'une unité principale ? — une unité secondaire ?

4. Pourquoi emploie-t-on des unités secondaires ?

5. Quels étaient les inconvénients de l'ancien système d'unités usité en France ?

6. De quelle époque date le système métrique ?

7. Quel est le principe qui permet de déduire les unités secondaires de l'unité principale ?

8. A quelle unité principale sont rattachées toutes les autres ?

9. Le système métrique est-il adopté par tous les pays ?

**10.** Définir le mètre, tel qu'il a été défini par la Commission du système métrique.

**11.** Le mètre est-il conforme à cette définition ?

**12.** Que faut-il faire pour mesurer la longueur du méridien ?

**13.** Énoncer les unités secondaires de longueur.

**14.** Comment doit-on modifier le nombre qui mesure une longueur, si on change d'unité ?

**15.** Qu'appelle-t-on mesures itinéraires ? Quelles sont-elles ?

**16.** Qu'appelle-t-on mesures effectives ?

**17.** Quelle est la règle qui préside à leur construction ?

**18.** Qu'est-ce qu'une chaîne d'arpenteur ?

**19.** Quelles sont les autres mesures effectives ? les décrire.


## EXERCICES DE CALCUL MENTAL

**1.** Combien y a-t-il de décimètres dans :
$$3^m, \quad 105^m, \quad 7^{Dm}, \quad 15^{Dm}, \quad 1^{Hm}, \quad 12^{Hm} ?$$

**2.** Combien y a-t-il de millimètres dans
$$1^{cm}, \quad 12^{cm}, \quad 1^{dm}, \quad 42^{dm}, \quad 1^{Dm}, \quad 53^{Dm}, \quad 1^{Km}, \quad 13^{Km} ?$$

**3.** Combien y a-t-il de centimètres dans
$$4^m,52 ; \quad 3^{Dm},04 ; \quad 2^{dm},5 ; \quad 3^{Km},071 ?$$


## EXERCICES ÉCRITS ET PROBLÈMES

**1.** Écrire, en prenant le mètre pour unité :
Trois hectomètres, deux décimètres.
Deux kilomètres, quatre centimètres.
Deux myriamètres, trois décamètres, deux mètres, cinq décimètres.
Douze hectomètres, trois décamètres, quinze mètres.
Dix kilomètres, cent vingt mètres, trois centimètres.

**2.** Écrire, en prenant le mètre pour unité :
$$14^{Hm},035 ; \quad 152^{cm},2 ; \quad 205^{Dm},036 ; \quad 3^{Km},008.$$

**3.** Écrire, en prenant le centimètre pour unité :
$$2^m,078 ; \quad 3^{Dm},00845 ; \quad 54^{Km},02.$$

**4.** Écrire en prenant le kilomètre pour unité :

$$4^{Mm},08 \; ; \quad 245^{Hm},0092 \; ; \quad 3^{Hm},08 \; ; \quad 12^{dm},087.$$

**5.** Le quart du méridien terrestre étant divisé en 90 degrés d'égale longueur, quelle est à $1^m$ près la longueur de l'arc de 1 degré : 1° si la définition du mètre est supposée exacte ; 2° s'il est plus court de $\frac{2}{10}$ de milimètre que ne le comporte sa définition ?

**6.** Calculer la distance de Paris à Saint-Pol, ces deux villes étant sur le même méridien ; la latitude de Paris est 48° 50′ 47″, celle de Saint-Pol 50° 22′ 55″.

**7.** Vaut-il mieux acheter de l'étoffe à raison de 20 francs les 5 mètres ou à raison de 68 francs,85 les 170 décimètres ?

**8.** Un train parcourt $75^{Km}$ à l'heure ; combien parcourt-il de décimètres en 1 minute ?

**9.** De Paris à Orléans, il y a 122 kilomètres ; combien doit-on placer de bornes hectométriques sur la route qui relie ces deux villes ?

**10.** Sur la route qui relie Paris à Versailles, on compte 167 bornes hectométriques ; quelle est la longueur de cette route en supposant que la dernière borne comptée porte le numéro 5 ?

**11.** Les roues d'une bicyclette ont $4^m,25$ et $3^m,75$ de circonférence ; la première a fait 50 tours ; combien en a fait la seconde et quelle est, à 1 décamètre près, la distance parcourue ?

**12.** La longueur d'une bactérie est $3\,\mu$ ; combien faut-il en placer bout à bout pour couvrir une longueur de $0^m,0039$ ?

# CHAPITRE II

## MESURES DE SURFACE

### Notions de géométrie plane.

**175. Définitions des lignes.** — On distingue plusieurs espèces de lignes :

1° La *ligne droite* (*fig.* 12), dont un fil tendu est l'image ;

2° La *ligne*

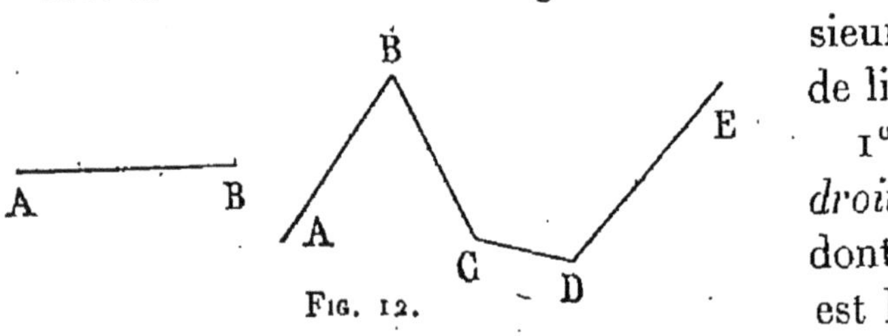

Fig. 12.

brisée (*fig.* 12), qui est un ensemble de plusieurs lignes droites, placées au bout les unes des autres ;

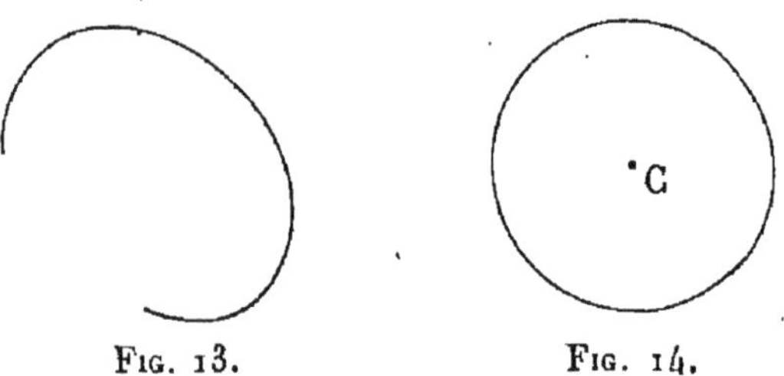

Fig. 13.

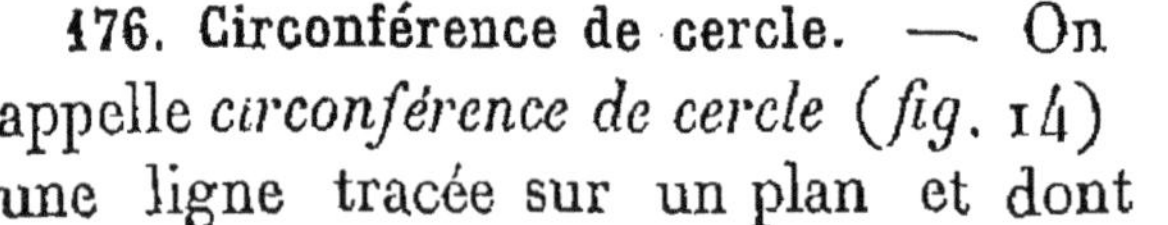

Fig. 14.

Fig. 15.

3° La *ligne courbe*, qui n'est ni droite, ni brisée (*fig.* 13).

**176. Circonférence de cercle.** — On appelle *circonférence de cercle* (*fig.* 14) une ligne tracée sur un plan et dont tous les points sont à une même distance d'un point C appelé *centre*.

Sur le papier on trace les circonférences au moyen du compas (*fig.* 15).

La droite qui joint le centre à un point de la circonférence est un *rayon* ; tel est le rayon OA (*fig.* 16).

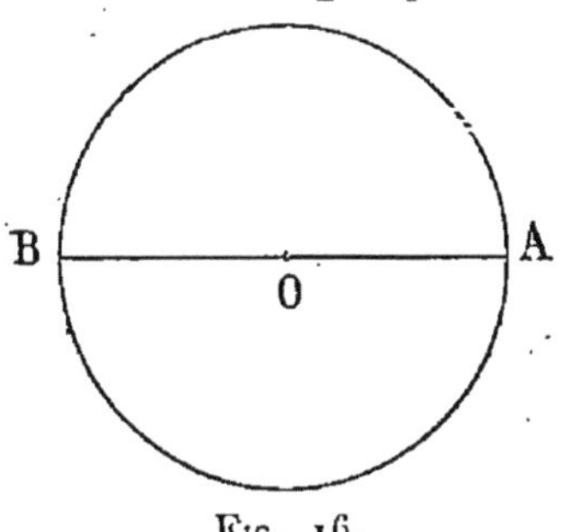

Fig. 16.

La droite qui joint deux points de la circonférence de cercle en passant par le centre est un *diamètre* ; tel est AB.

*Le diamètre est double du rayan.*

*On obtient la longueur de la circonférence de cercle en multipliant la longueur du diamètre par un nombre désigné par π (que l'on prononce pi) et qui est à peu près égal à 3,14.*

**177. Angles.** — Un *angle* (*fig.* 17) est la figure formée par deux droites qui se coupent et limitées à leur point d'intersection.

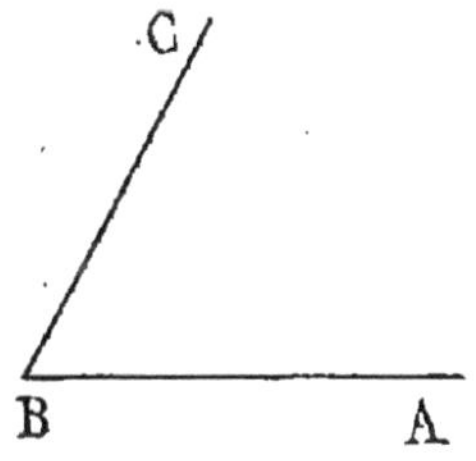

Les deux droites sont les *côtés* ; le point d'intersection est le *sommet* de l'angle.

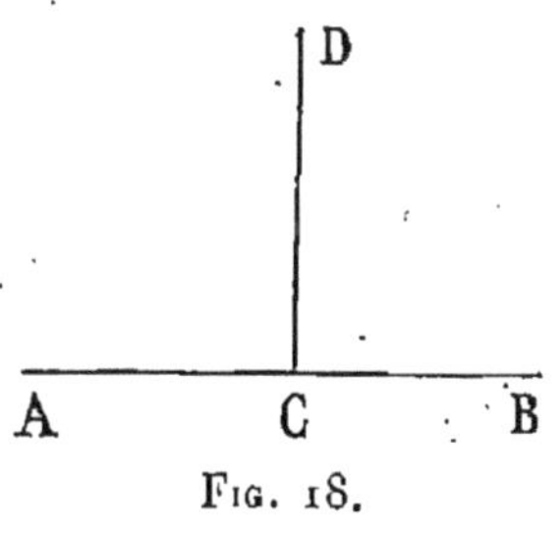

Fig. 17.

On désigne un angle par trois lettres placées sur les côtés et au sommet, en lisant la lettre du sommet entre les deux autres ; tel est l'angle ABC.

Deux angles sont *égaux*, si on peut faire coïncider leurs côtés.

**178. Droites perpendiculaires.** — Une droite CD (*fig.* 18) issue d'un point d'une droite AB fait avec cette dernière deux angles ACD, DCB ; s'ils sont égaux, CD est *perpendiculaire*

Fig. 18.

sur AB ; s'ils sont inégaux, CD est *oblique* par rapport à AB.

Un angle est *droit,* si un de ses côtés est perpendiculaire à l'autre (*fig.* 19) ; *tous les angles droits sont égaux.*

Un angle plus petit qu'un angle droit est *aigu* (*fig.* 20).

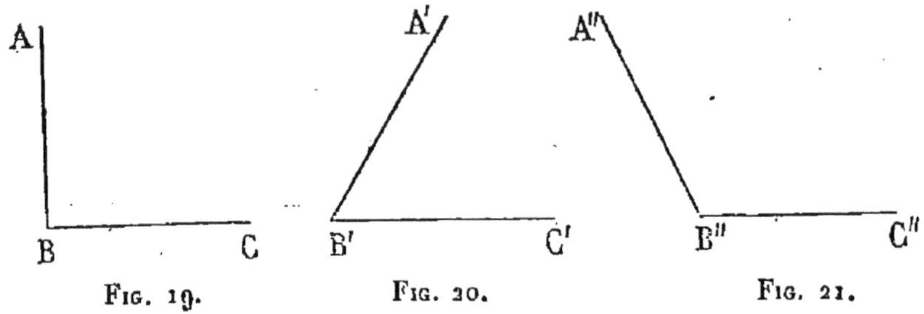



Fig. 19.          Fig. 20.          Fig. 21.

Un angle plus grand qu'un angle droit est *obtus* (*fig.* 21.)

**179. Droites parallèles.** — Deux droites sont dites *parallèles* (*fig.* 22) lorsque, situées dans un même plan, elles ne se rencontrent pas, quelque loin qu'on les prolonge.

Fig. 22.

Comme exemples, on peut citer les lignes d'un cahier, les fentes d'un parquet.

**180. Polygones.** — On appelle *polygone* (*fig.* 23) une figure formée par une ligne brisée fermée ; les différentes droites qui les constituent sont les *côtés* ; les extrémités des côtés sont les *sommets* du polygone.

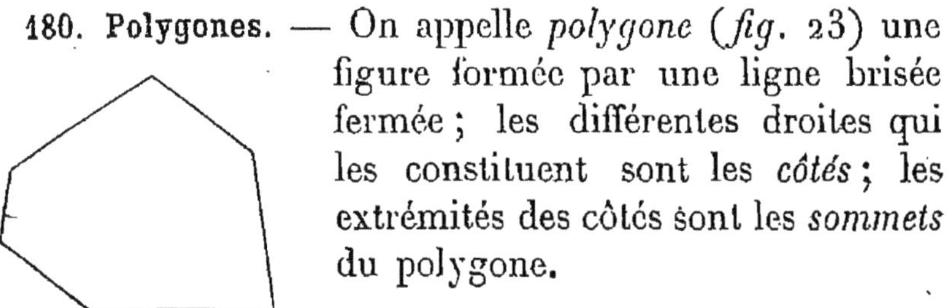

Fig. 23.

**181. Triangles.** — Un *triangle* est un polygone de trois côtés.

Il y a différentes espèces de triangles :

1° Le triangle *scalène*, dont les trois côtés sont inégaux (*fig.* 24) ;

2° Le triangle *isocèle*, qui a deux côtés égaux $A'B' = A'C'$ (*fig.* 25) ;

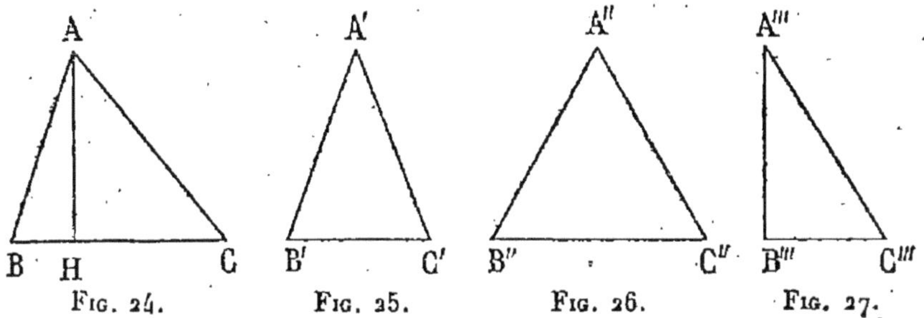

Fig. 24.       Fig. 25.       Fig. 26.       Fig. 27.

3° Le triangle *équilatéral*, qui a ses trois côtés égaux (*fig.* 26) ;

4° Le triangle *rectangle*, qui a un angle droit (*fig.* 27).

Un côté quelconque est appelée la *base* ; la distance du sommet opposé à la base est la hauteur ; BC est la base, AH la hauteur (*fig.* 24).

**182. Quadrilatères.** — Un *quadrilatère* est un polygone de quatre côtés.

Il y a lieu de considérer quelques quadrilatères particuliers.

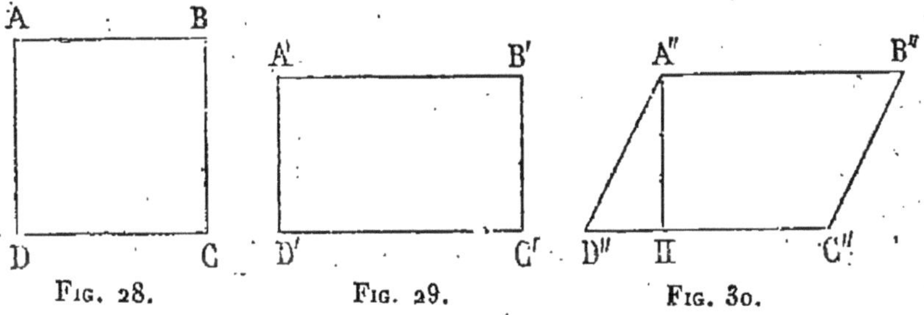

Fig. 28.       Fig. 29.       Fig. 30.

1° Le *carré* ABCD (*fig.* 28), dont les côtés sont égaux et les angles droits ; telles sont les faces d'un dé à jouer ;

2° Le *rectangle* A'B'C'D' (*fig.* 29) qui a ses angles droits ; les côtés sont deux à deux parallèles et égaux ; une face d'une règle, d'un livre, sont des rectangles.

Un côté est appelé la *base* ; un des côtés perpendiculaires à la base est la *hauteur* ; C'D' est la base ; A'D' la hauteur ;

3° Le *parallélogramme* (*fig.* 3o), qui a ses côtés parallèles deux à deux, mais dont les angles ne sont pas nécessairement droits ; ses côtés opposés sont égaux.

Un côté est appelé *base* ; la distance d'un sommet à la base est la *hauteur* ; C"D" est la base, A"H la hauteur.

## Unités de surface.

183. **Unité principale.** — *L'unité principale des mesures de surface est le* **mètre carré** ; c'est un carré qui a un mètre de côté.

On le désigne par la notation mq (de l'ancienne orthographe mètre *quarré*).

184. **Unités secondaires.** — Les unités secondaires sont :

Le *décamètre carré*, carré de $1^{Dm}$ de côté : on l'écrit Dmq.
L'*hectomètre carré*, carré de $1^{Hm}$ de côté : on l'écrit Hmq.
Le *kilomètre carré*, carré de $1^{Km}$ de côté : on l'écrit Kmq.
Le *myriamètre carré*, carré de $1^{Mm}$ de côté : on l'écrit Mmq.
Le *décimètre carré*, carré de $1^{dm}$ de côté : on l'écrit dmq.
Le *centimètre carré*, carré de $1^{cm}$ de côté : on l'écrit cmq.
Le *millimètre carré*, carré de $1^{mm}$ de côté : on l'écrit mmq.

185. **REMARQUE.** — *Les unités de surface sont de 100 en 100 fois plus grandes ou plus petites.*

Pour le voir, prenons un mètre carré ; c'est un carré de 1 mètre de côté ; divisons AB (*fig.* 31) en décimètres (il y en aura 10) et menons des parallèles au côté BC ; on forme ainsi 10 bandes qui ont $1^{dm}$ de hauteur et $1^{m}$ de

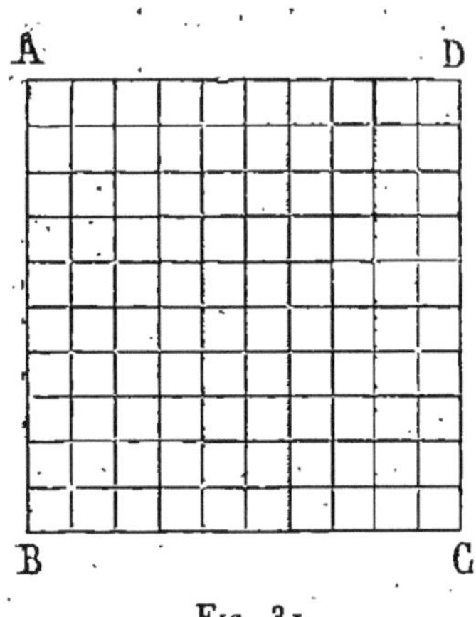



Fig. 31.

longueur ; divisons BC en décimètres (il y en aura 10) et
menons des parallèles au côté
AB par les points diviseurs ;
on partage ainsi chaque bande
en 10 carrés, qui ont tous 1 décimètre de côté ; on a donc partagé le mètre carré en 10 fois
10 décimètres carrés ; par suite,
le mètre carré est 100 fois plus
grand que le décimètre carré.

**186. Application.** — Les unités de surface ne suivent
donc pas tout à fait la loi décimale ; mais, si dans un
nombre on considère, non pas les chiffres successifs, mais
les tranches de deux chiffres, ces tranches représentent
des unités de 100 en 100 fois plus petites, comme cela a
lieu pour les unités de surface ; cette remarque permet
d'écrire aisément le nombre qui représente une surface.

Exemples. — *Écrire 3 décamètres carrés 2 mètres carrés
45 décimètres carrés.*

La tranche des décamètres carrés est 03, celle des mètres
carrés 02, celle des décimètres carrés 45 ; si l'on prend le
mètre carré pour unité, on écrira $302^{mq},45$ ; il y a, en
effet, $300^{mq}$ dans $3^{Dmq}$ et $0,45$ de mètre carré dans $45^{dmq}$.

*Écrire 12 hectomètres carrés 3 mètres carrés.*

La tranche des hectomètres carrés est 12, celle des
décamètres carrés n'existe pas ; on la remplace, pour conserver les rangs des chiffres, par 00 ; celle des mètres carrés est 03 ; si l'unité est le mètre carré, on écrira $120\,003^{mq}$.

Règle. — *On écrit successivement les tranches des diverses
unités, en commençant par les plus grandes ; si le nombre
d'unités d'un certain ordre n'a qu'un chiffre, on complète
la tranche par un o placé devant le chiffre ; si les unités*

*d'un certain ordre manquent, on remplace la tranche correspondante par deux o ; seule la première tranche peut n'avoir qu'un chiffre.*

**487. Problème inverse.** — Proposons-nous maintenant de lire un nombre exprimant une surface ; on peut lire simplement ce nombre comme un nombre décimal en nommant à la suite de la partie entière l'unité adoptée.

Exemple : $405^{Dmq},031$ se lit 405 décamètres carrés 31 millièmes.

Mais ce procédé a l'inconvénient de ne pas exprimer nettement comment est constituée la surface ; on se rend mieux compte de l'évaluation en énonçant les différentes unités.

Reprenons le nombre $405^{Dmq},031$.

La tranche des hectomètres carrés est 4 : celle des décamètres carrés est 5 ; celle des mètres carrés est 3 ; il nous faut compléter celle des décimètres carrés en ajoutant o à droite de 1 ; la tranche est alors 10 ; on lira $4^{Hmq}5^{Dmq}3^{mq}10^{dmq}$.

Règle. — *On sépare le nombre en tranches de deux chiffres à droite et à gauche à partir de la virgule, en complétant la dernière tranche à droite par un o, s'il y a lieu ; on énonce alors successivement les tranches en commençant par la gauche et en les faisant suivre du nom de l'unité correspondante.*

**488. Changement d'unité.** — Si un nombre est écrit en ayant fait choix d'une unité de surface, et si l'on prend une autre unité 100 fois plus petite, toutes les tranches devront être avancées d'un rang ; on aura donc à multiplier le nombre par 100 pour évaluer la même surface avec la nouvelle unité.

Exemple : $13^{mq},05$ est la même chose que $1305^{dmq}$.

Règle. — *Si le rang de l'unité est avancé ou diminué*

*de 1, 2, 3, ... unités, la virgule doit être reculée ou avancée de 2, 4, 6, etc., rangs.*

**189. Calcul des surfaces.** — Il n'y a pas de mesures effectives de surface ; la géométrie donne des règles qui permettent de trouver les mesures des surfaces ; je signalerai ici le cas du rectangle (*fig. 32*).

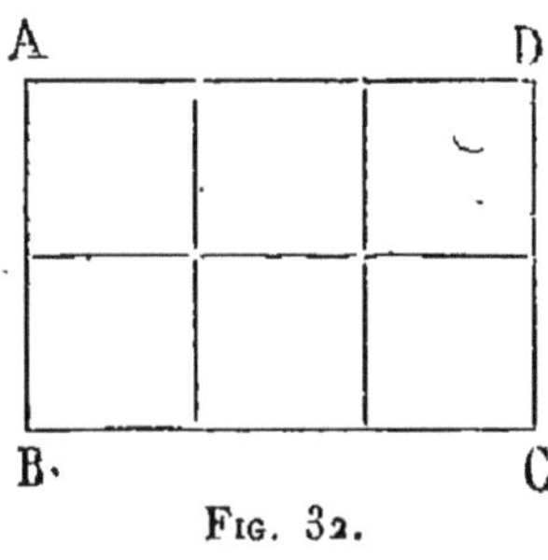

Fig. 32.

Prenons un rectangle de 3 mètres de longueur et 2 mètres de hauteur ; si on divise AB en 2 parties de 1 mètre et qu'on trace une parallèle à BC, on forme deux bandes rectangulaires ; partageons maintenant BC en 3 parties de 1 mètre et menons des parallèles à AB ; chacune des bandes précédentes est ainsi partagée en 3 carrés de 1 mètre de côté ; le rectangle est formé par la réunion de $3 \times 2 = 6$ mètres carrés ; sa surface est 6 mètres carrés.

*La surface d'un rectangle est mesurée par le produit des nombres qui mesurent sa base et sa hauteur.*

Il faut, bien entendu, que la longueur et la hauteur soient mesurées avec la même unité ; la surface est mesurée avec l'unité de surface correspondante : si les dimensions sont exprimées en centimètres, la surface sera exprimée en centimètres carrés.

On démontre en géométrie que :

*L'aire d'un parallélogramme est mesurée par le produit des nombres qui mesurent la base et la hauteur ;*

*L'aire d'un triangle est mesurée par la moitié du produit des nombres qui mesurent la base et la hauteur ;*

*L'aire d'un cercle est mesurée par le produit du carré du nombre qui mesure son rayon par 3,14.*

## Mesures agraires.

**190.** Pour évaluer les surfaces des champs, on emploie des unités particulières que l'on appelle *unités agraires*.

*L'unité principale est l'are* qui équivaut à $100^{mq}$ ; on l'écrit a.

Les unités secondaires sont :

*L'hectare*, qui vaut 100 ares ; on l'écrit Ha.

Le *centiare*, qui vaut $\dfrac{1}{100}$ d'are ; on l'écrit ca.

L'hectare équivaut donc à 1 hectomètre carré, et le centiare à 1 mètre carré.

**191.** Les unités agraires suivent la loi décimale, avec cette différence que, pratiquement, on ne considère pas le décaare, ni le déciare.

Il est facile de convertir une surface mesurée en mètres carrés en une surface exprimée en mesures agraires et inversement.

Exemples : $1^{Ha},14$ valent $1^{Hmq},14$ ou $114^{Dmq}$ ; $3^{a},05$ valent $305^{mq}$.

## QUESTIONS

1. Définir une ligne droite, — brisée, — courbe.

2. Définir un angle, — un angle droit, — aigu, — obtus.

3. Définir un carré, un rectangle, un parallélogramme.

4. Définir un triangle ; quels sont les divers triangles ?

5. Définir une circonférence de cercle, le rayon, le diamètre.

6. Quelle est l'unité principale des mesures de surface ?

7. Quelles sont les unités secondaires ?

8. Quelle relation y a-t-il entre ces unités ?

9. Combien y a-t-il au plus d'unités de chaque ordre dans un nombre écrit ?

10. Énoncer la règle pour écrire un nombre qui exprime une surface. Exemples.

**11.** Enoncer la règle pour lire un tel nombre.

**12.** Comment doit-on modifier un nombre qui exprime une surface, si l'on change l'unité de mesure ?

**13.** Comment obtient-on le nombre qui mesure la surface d'un rectangle, d'un parallélogramme, d'un triangle, d'un cercle ?

**14.** Définir les mesures agraires.

**15.** Quelles sont les unités de mesures agraires ?

**16.** Quelles relations y a-t-il entre les mesures agraires et les mesures de surface ?

## EXERCICES DE CALCUL MENTAL

**1.** Combien y a-t-il de mètres carrés dans

$$103^{Dmq}, \quad 75^{Dmq}, \quad 1^{Hmq}, \quad 14^{Hmq}, \quad 1^{Kmq}, \quad 17^{Kmq} \ ?$$

**2.** Combien y a-t-il de millimètres carrés da

$$12^{cmq}, \quad 1^{dmq}, \quad 103^{dmq}, \quad 1^{mq}, \quad 14^{mq}, \quad \colon \quad 13^{Dmq} \ ?$$

**3.** Combien y a-t-il de centiares dans

$$13^{a}, \quad 104^{a}, \quad 1^{Ha}, \quad 25^{Ha}, \quad 105^{Ha} \ ?$$

**4.** Combien y a-t-il d'ares dans

$$3^{Dmq}, \quad 1^{Hmq}, \quad 15^{Hmq}, \quad 1^{Kmq}, \quad 17^{Kmq} \ ?$$

## EXERCICES ÉCRITS ET PROBLÈMES

**1.** Ecrire, en prenant le mètre carré pour unité :

1 décamètre carré 2 mètres carrés.
13 hectomètres carrés 2 décamètres carrés.
17 kilomètres carrés 3 décamètres carrés 15 mètres carrés.
3 myriamètres carrés 2 décamètres carrés.

**2.** Ecrire en prenant le décamètre carré pour unité :

2 mètres carrés 15 décimètres carrés 2 centimètres carrés.
3 décamètres carrés 12 décimètres carrés 14 centimètres carrés.
18 hectomètres carrés 14 décamètres carrés.
16 kilomètres carrés 6 mètres carrés 1 millimètre carré.

**3.** Lire les nombres :

$$105^{mq},03 \qquad 4^{Kmq},008753 \qquad 2^{Hmq},000842$$
$$30\,544^{mq},017 \qquad 204^{Hmq},08775 \qquad 2^{Mmq},00008 7045.$$

**4.** Ecrire en mesures agraires :

$$4^{mq},08 \qquad 3^{Dmq},065 \qquad 4^{Hmq},001 \qquad 3^{Kmq},04087$$
$$0^{mq},0765 \qquad 2^{Mmq},087689 \qquad 0^{Kmq},078$$

**5.** Écrire en unités de surfaces :

$$3^a,75 \qquad 45^{Ha},078 \qquad 2^{ca},754 \qquad 3^{Ha},0017.$$

**6.** Un champ est vendu à raison de $2\,500^{fr}$ l'hectare ; quel est le prix de ce champ, si sa superficie est $2^{Hmq},325$ ?

**7.** Un hectare de bois de pins rapporte annuellement $72^{fr}$. Quel est le rapport d'une forêt de $35^{Kmq}$ en 2 ans ?

**8.** La surface d'une salle est $55^{mq},5$ ; des chaises y sont disposées et occupent chacune une surface de $72^{dmq},5$ ; il y a, de plus, un espace libre de $0^{Dmq},12$ ; combien y a-t-il de chaises ?

**9.** Évaluer à 1 franc près la valeur du mètre carré d'un terrain de $4^a,55$ vendu $63\,987^{fr}$.

**10.** Deux terrains ont été vendus ensemble $27\,000^{fr}$ ; l'un a une superficie double de celle de l'autre ; exprimer ces superficies en mètres carrés, sachant que l'are coûte $120^{fr}$.

**11.** Un champ a la forme d'un rectangle dont les côtés ont $105^m$ et $8^{Dm},5$ ; quelle est la surface exprimée en ares ?

**12.** Un champ a la forme d'un rectangle, dont un côté a $87^m$ de longueur ; quelle est, à $1^{cm}$ près, la longueur de l'autre côté, si la surface est 5 ares ?

**13.** Une chambre a $5^m,25$ de longueur ; elle a la forme d'un rectangle et on a payé $231^{fr}$ pour la faire parqueter ; quelle est sa largeur, si le prix du mètre carré de parquet est $11^{fr}$ ?

**14.** Un champ rectangulaire est entouré de 484 arbres, distants l'un de l'autre de $1^m,50$ ; quelle est la superficie du champ, sachant qu'il y a dans la longueur 40 arbres de plus que dans la largeur, et qu'il y a un arbre à chaque sommet ?

**15.** Un jardin de forme rectangulaire a $60^m$ de longueur et $40^m$ de largeur ; il est percé de deux allées parallèles aux côtés ; chaque allée a $1^m,50$ de largeur ; quelle est la surface de la partie cultivable ?

**16.** Un tapis a $4^m,50$ de longueur et $3^m,75$ de largeur ; on veut le doubler avec une étoffe qui a $1^m,50$ de largeur ; combien devra-t-on employer de mètres de cette étoffe ?

**17.** Une chambre rectangulaire a $6^m$ de longueur et $4^m,80$ de largeur ; sa hauteur est $3^m$ et les plinthes ont $0^m,30$ de hauteur ; la cheminée a $1^m,80$ de largeur et $1^m,20$ de hauteur ; la porte a $1^m$ de largeur et $2^m,40$ de hauteur ; la fenêtre a $1^m,20$ de largeur et $2^m,70$ de hauteur ; on tapisse cette chambre avec du papier à $1^{fr},60$ le rouleau ; trouver le nombre de rouleaux qu'il faut employer et le prix de revient, sachant qu'un rouleau a $0^m,60$ de largeur et $8^m$ de longueur, et que la pose du rouleau est comptée $0^{fr},50$.

On suppose que la chambre est disposée de façon que l'on n'ait jamais besoin de partager le papier dans le sens de la largeur.

# CHAPITRE III

## MESURES DE VOLUME

## Notions de géométrie dans l'espace.

**192. Plan horizontal.** — La notion du plan nous est donnée par la surface d'une table, par la surface d'une eau dormante ; quand ce plan occupe la position particulière de l'eau dormante, on dit qu'il est *horizontal*.

**193. Verticale.** — On appelle *verticale* une droite dirigée suivant un fil à plomb.

On dit que la verticale est *perpendiculaire* au plan horizontal.

Si une droite est liée à un plan de telle sorte qu'en amenant le plan à être horizontal, elle devienne *verticale*, on dit que la droite est *perpendiculaire au plan*.

Si par un point on trace une perpendiculaire à un plan, la longueur de cette droite limitée au plan est appelée la distance du point au plan.

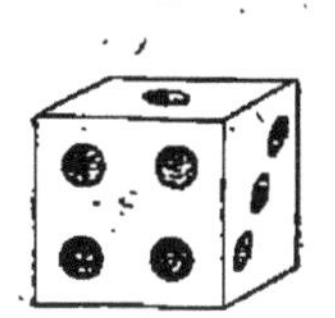

Fig. 33.

**149. Cube.** — Un *cube* a la forme d'une boîte fermée ayant six faces qui sont des carrés ; tel est un dé à jouer (*fig.* 33).

Les faces sont des carrés égaux ; un côté de ces faces est appelé *arête* du cube ; l'extrémité d'une arête est un *sommet*.

Toutes les arêtes sont égales et sont perpendiculaires à

certaines faces ; ainsi AA′ (*fig.* 34) est perpendiculaire à la face ABCD.

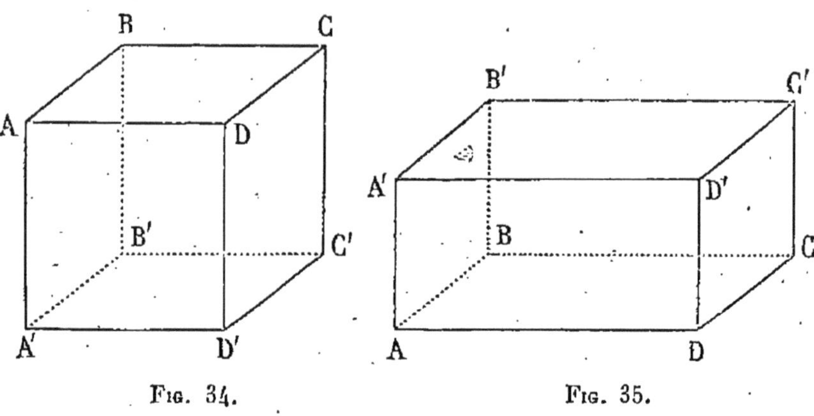

Fig. 34.　　　　Fig. 35.

**195. Parallélépipède rectangle.** — Le *parallélépipède rectangle* (*fig.* 35) a une forme analogue à celle du cube, mais les faces, au lieu d'être des carrés, sont des rectangles ; comme exemples, on peut citer une règle, une poutre, une chambre dont le sol est rectangulaire. Une face est appelée *base* ; par exemple ABCD est la base. Les arêtes qui aboutissent aux sommets de cette face sont égales et sont perpendiculaires à la base ; une d'elles est la *hauteur*.

Il y a douze arêtes, qui sont égales quatre à quatre ; les longueurs des arêtes sont appelées *dimensions* du parallélépipède rectangle.

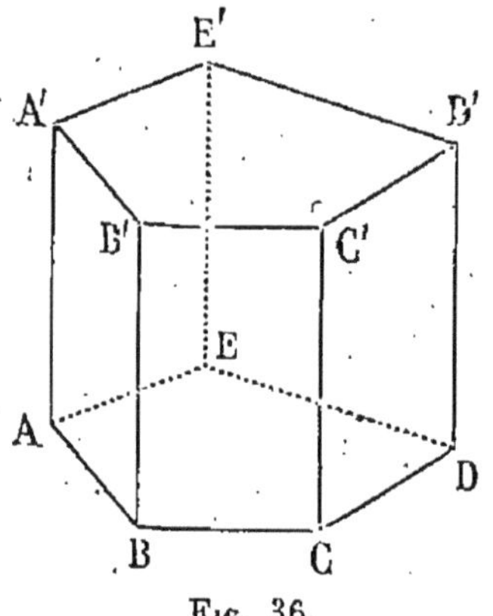

Fig. 36.

**196. Prisme droit.** — Le *prisme droit* (*fig.* 36) est analogue au parallélépipède rectangle, dans lequel la base ne serait pas un rectangle ; on peut le former en traçant un polygone ABCDE et en menant aux sommets des arêtes AA′, BB′, ..., perpendiculaires au plan de ce polygone et en limitant ces arêtes à une même distance de la base ABCDE.

Comme exemple, on peut citer une chambre dont le sol n'est pas un rectangle.

La *hauteur* est la distance d'un sommet A' à la base.

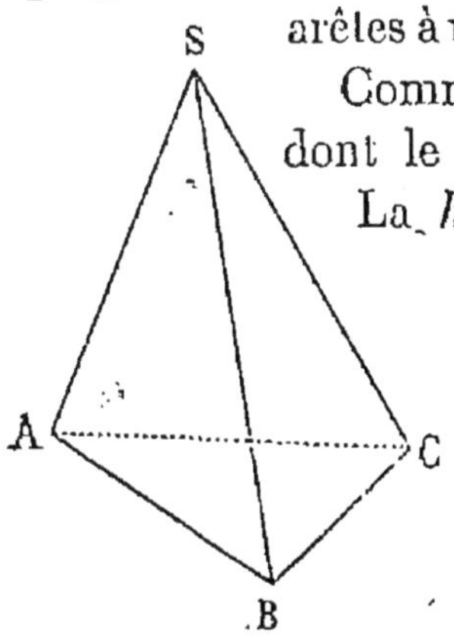

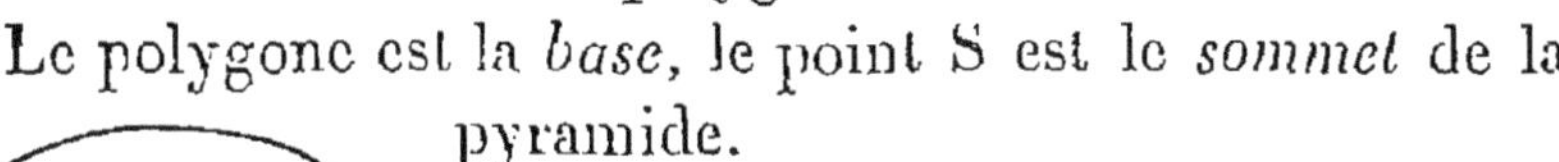

**197. Pyramide.** — Une *pyramide* (*fig.* 37) est formée en joignant un point S aux sommets d'un polygone ABC, pourvu que le point S ne soit pas dans le plan qui contient ce polygone.

Le polygone est la *base*, le point S est le *sommet* de la pyramide.

La distance du sommet à la base est la *hauteur*.

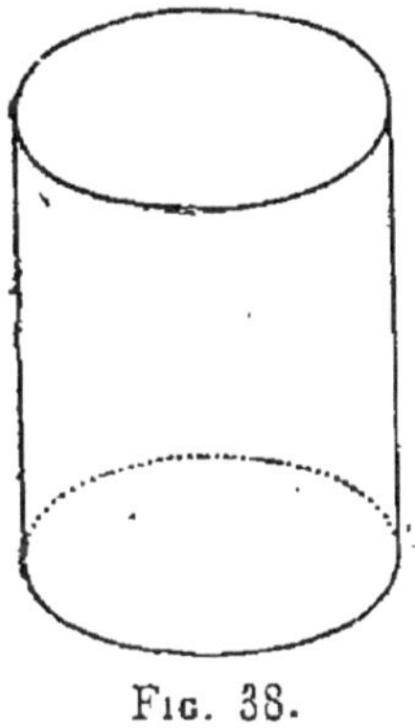

FIG. 37.

**198. Cylindre droit.** — Un *cylindre droit* (*fig.* 38) est analogue à un prisme droit dans lequel la base serait remplacée par une ligne courbe, en particulier par une circonférence de cercle.

Ce cercle est la *base* du cylindre ; la longueur de l'arête est la *hauteur*.

FIG. 38.

Tels sont un tuyau de poêle, un crayon.

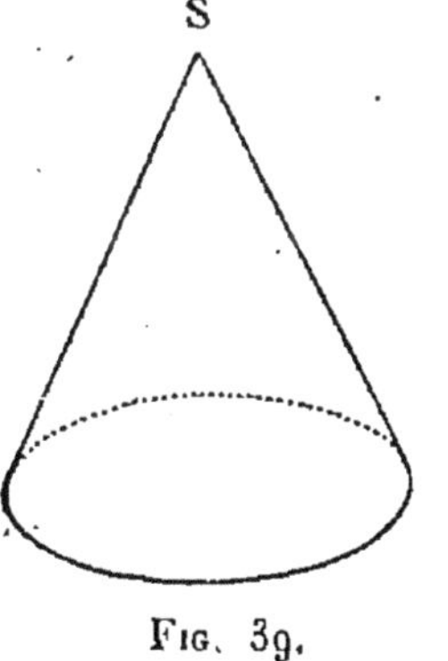

**199. Cône.** — Un *cône* (*fig.* 39) est analogue à une pyramide dont la base est remplacée par une courbe, en particulier un cercle.

Le cercle est appelé *base* du cône ; la distance du sommet à la base est la *hauteur* du cône.

Citons, comme exemples, un pain de sucre, un cornet.

FIG. 39.

## Unités de volume.

**200. Unité principale.** — *L'unité principale de volume est le* mètre cube ; c'est un cube dont chaque arête a 1 mètre de longueur.

On le désigne par la notation *mc*.

**201. Unités secondaires.** — Les unités secondaires sont :

| | | | |
|---|---|---|---|
| Le *myriamètre cube*, | cube de $1^{Mm}$ de côté ; on écrit | | Mmc. |
| Le *kilomètre cube*, | — $1^{Km}$ — | — | Kmc. |
| L'*hectomètre cube*, | — $1^{Hm}$ — | — | Hmc. |
| Le *décamètre cube*, | — $1^{Dm}$ — | — | Dmc. |
| Le *décimètre cube*, | — $1^{dm}$ — | — | dmc. |
| Le *centimètre cube*, | — $1^{cm}$ — | — | cmc. |
| Le *millimètre cube*, | — $1^{mm}$ — | — | mmc. |

**202. Remarque.** — *Chaque unité de volume est mille fois plus grande que l'unité immédiatement inférieure.*

Considérons un mètre cube, c'est-à-dire un cube dont chaque côté a 1 m ; la base ABCD (*fig.* 40) est 1 mq ; on peut la décomposer en 100 dmq.

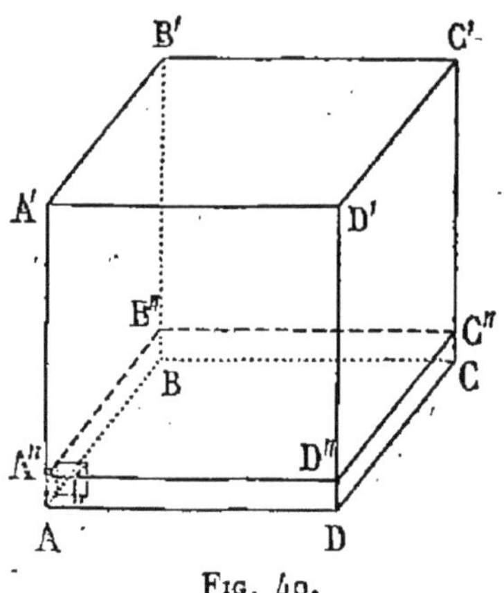


FIG. 40.

Si alors on divise la hauteur AA′ en 10 parties égales à 1 dm, et qu'on trace des faces parallèles à la base, on formera 10 tranches qui ont 1 dm d'épaisseur et 1 mq de base ; puisque dans la base, on peut placer 100 dmq, on partagera la tranche en 100 cubes qui ont 1 dm de côté ; chaque tranche contient ainsi 100 dmc et le mètre cube en contient 1 000.

**203. Application.** — Les unités de volume étant de 1 000 en 1 000 fois plus grandes ou plus petites, si un nombre est écrit quand on a adopté une unité, ce seront les tranches de trois chiffres formées à partir de la virgule, qui représentent les diverses unités ; cette remarque permet d'écrire le nombre qui représente un volume.

EXEMPLES : *Écrire 5 décamètres cubes 14 mètres cubes, en prenant pour unité le mètre cube.*

La tranche des mètres cubes est formée de trois chiffres, c'est donc 014 ; celle des décamètres cubes contient le chiffre 5 ; le nombre est donc 5014 ; il y a, en effet, 5 000$^{mc}$ dans 5$^{Dmc}$.

*Écrire 5 décamètres cubes 24 décimètres cubes, en prenant pour unité le mètre cube.*

La tranche des décamètres cubes est 5 ; il n'y a pas de mètres cubes ; je remplace la tranche correspondante par 3 zéros, enfin, la tranche des décimètres cubes est 024 ; le nombre s'écrit 5 000,024 ; il y a, en effet, 5 000$^{mc}$ dans 5$^{Dmc}$ et 0,024 de mètre cube dans 24$^{dmc}$.

RÈGLE. — *On écrit successivement les tranches des diverses unités, en commençant par les plus grandes ; si le nombre d'unités d'un certain ordre n'a pas trois chiffres, on complète la tranche par des 0 placés en avant ; si les unités d'un certain ordre manquent, on remplace la tranche correspondante par trois 0 ; seule la première tranche peut être incomplète.*

**204. Problème inverse.** — Proposons-nous de lire un nombre écrit ; on peut le lire comme un nombre décimal en nommant à la suite de la partie entière l'unité adoptée.

EXEMPLE : 3 042$^{mc}$,04 se lit 3 042 mètres cubes 4 centièmes.

Il est préférable, pour bien apprécier comment est constitué le volume, d'énoncer successivement les diverses unités.

Reprenons le nombre $3\,042^{mc},04$.

La tranche des mètres cubes est 042, celle des décamètres cubes 3 ; si l'on complète la tranche 04 par un o, on a 040 décimètres cubes et le nombre s'énonce $3^{Dmc}42^{mc}40^{dmc}$.

RÈGLE. — *On sépare le nombre en tranches de trois chiffres à droite et à gauche à partir de la virgule, en complétant la dernière tranche décimale par des o, s'il y a lieu ; on énonce alors successivement les tranches en commençant par la gauche et en les faisant suivre du nom de l'unité correspondante.*

**205. Changement d'unité.** — Si un nombre est écrit avec une unité de volume, et si on adopte une nouvelle unité 1 000 fois plus petite, toutes les tranches devront être avancées d'un rang ; on aura donc à multiplier le nombre primitif par 1 000.

EXEMPLE : $4^{mc},045$ est la même chose que $4\,045^{dmc}$.

RÈGLE. — *Si le rang de l'unité est avancé ou diminué. de 1, 2, 3, … rangs, la virgule doit être reculée ou avancée de 3, 6, 9, … rangs.*

**206. Calcul des volumes.** — Il n'existe pas de mesures effectives de volume ; la géométrie donne des règles qui conduisent à l'évaluation des volumes ; indiquons ici comment on obtient le volume du parallélépipède rectangle.

Prenons un parallélépipède rectangle de dimensions $3^m$, $4^m$, $5^m$ (*fig.* 41) ; si on divise la hauteur en 4 divisions de $1^m$, on partage le volume en 4 tranches, qui ont toutes $1^m$ de hauteur ; les bases de ces tranches sont des rectangles de dimensions $3^m$ et $5^m$ ; on peut donc partager ces bases en carrés de $1^m$ de côté ; il y aura dans chaque base $3 \times 5$ carrés ; chaque tranche sera décomposée en autant de cubes qui ont tous $1^m$ de côté ; de telle sorte que le parallélépipède contient $3 \times 5 \times 4$ mètres cubes.

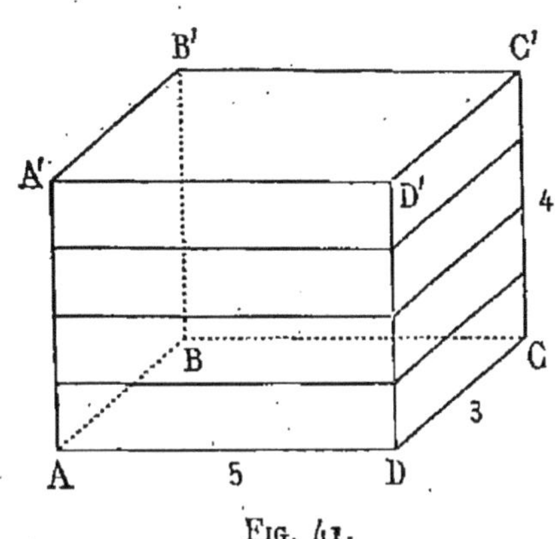


Fig. 41.

*Le volume d'un parallélépipède rectangle est mesuré par le produit des nombres qui mesurent ses trois dimensions.*

On démontre en géométrie que :

1° *Le volume d'un* PRISME DROIT *est mesuré par le produit des nombres qui mesurent la base et la hauteur.*

2° *Le volume d'un* CYLINDRE DROIT *est mesuré par le produit des nombres qui mesurent la base et la hauteur.*

3° *Le volume d'une* PYRAMIDE *est mesuré par le tiers du produit des nombres qui mesurent la base et la hauteur.*

4° *Le volume d'un* CÔNE *est mesuré par le tiers du produit des nombres qui mesurent la base et la hauteur.*

Il est important de remarquer que les unités de longueur, de surface et de volume doivent se correspondre ; ainsi, on devra employer en même temps le mètre, le mètre carré et le mètre cube ; si l'on prenait pour unités le mètre, le décimètre carré et le centimètre cube, les règles qui précèdent ne seraient plus applicables.

## MESURES POUR LE BOIS DE CHAUFFAGE

**207.** Les unités indiquées plus haut conviennent surtout pour de grands volumes ; c'est ainsi que, dans les travaux de terrassement, on évalue le volume de terre enlevée ou apportée en mètres cubes ; il en est de même s'il s'agit de pierres de taille.

Pour mesurer le bois de chauffage, on prend pour unité le *stère*(st) ; c'est une mesure effective qui équivaut théoriquement au mètre cube.

On emploie aussi les mots *décastère*, (Dst) et *décistère* (dst) pour désigner dix stères et un dixième de stère.

**208. Stère.** — Le stère (fig. 42) est un instrument formé d'un plancher en bois appelé *sole* et de deux *montants verticaux* soutenus par des *contre-fiches* ; ces montants sont fixés aux bords extrêmes de la sole et ont un mètre de hauteur ; la sole est elle-même un carré de 1 mètre de côté.

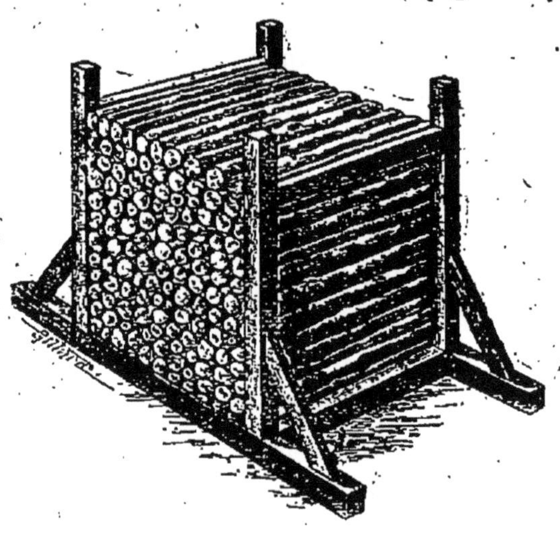

Fig. 42. — Le stère.

Si les bûches ont 1 mètre de longueur, on les empile entre les montants jusqu'en haut ; si alors on ne tient pas compte des vides qui existent entre les bûches, on a formé 1 cube qui a 1 mètre de côté; nous voyons donc que le stère de bois n'équivaut pas exactement à 1 mètre cube, à cause des vides qui existent entre les bûches.

Il arrive souvent que les bûches ont une longueur différente de 1 mètre; il faut alors modifier la hauteur des montants si l'on veut conserver le même volume. A Paris, la longueur des bûches est $1^m,14$ : le volume du stère sera donc

$$1^m,14 \times 1 \times h,$$

$h$ désignant la hauteur des montants. Cette hauteur sera donc le quotient de 1 par 1,14 ou $0^m,787$.

Aujourd'hui, on abandonne cette mesure et on vend le bois de chauffage au poids.

**209.** Il est facile de convertir en mètres cubes un volume donné en stères, et inversement.

EXEMPLES :

| | | |
|---|---|---|
| 1 décastère | vaut | $10^{mc}$. |
| 1 décistère | vaut | $100^{dmc}$. |
| $4^{st},3$ | valent | $4^{mc},300^{dmc}$. |

## MESURES DE CAPACITÉ

**210. Litre.** — Le mètre cube est une unité trop grande pour l'évaluation des volumes des liquides ou des quantités de grains, que l'on a fréquemment l'occasion de mesurer. On emploie d'autres unités dérivées du mètre cube et que l'on appelle *mesures de capacité*.

*L'unité principale des mesures de capacité est le* litre (*fig.* 43 et suiv.).

Il est équivalent au décimètre cube ; on le représente par l.

Les unités secondaires sont

| | | | | |
|---|---|---|---|---|
| L'*hectolitre*, | qui vaut | 100 litres, | et s'écrit | Hl. |
| Le *décalitre*, | — | 10 litres, | — | Dl. |
| Le *décilitre*, | — | $\frac{1}{10}$ de litre, | — | dl. |
| Le *centilitre*, | — | $\frac{1}{100}$ de litre, | — | cl. |

Ces unités suivent la loi décimale ; il n'y a donc aucune difficulté à passer de l'une à l'autre ; prendre pour unité le décilitre au lieu du litre revient à multiplier le nombre qui exprime le volume en litres par 10.

Ainsi,    $4^l,53$ représentent $45^{dl},3$.

     $14^l,7$   représentent   $1^{Dl},47$.

**211. Changement d'unité.** — Pour passer du volume exprimé en unités de capacité au volume exprimé en mètres cubes, il suffit de remarquer que le litre équivaut au décimètre cube ; *on écrira donc le nombre en litres ; ce nombre sera le même en prenant pour unité le décimètre cube* ; nous savons alors exprimer le volume en mètres cubes, décamètres cubes, etc.

EXEMPLES : *Écrire en mètres cubes le volume de $45^l,75$.*
Ce volume peut s'écrire $45^{dmc},75$ ou $0^{mc},045\,750$.

Inversement, si *le volume est donné en mètres cubes, on l'écrit en décimètres cubes, et le nombre obtenu est aussi le nombre qui mesure le volume exprimé en litres.*

Ainsi, $4^{Dmc},0753$ s'écrit en décimètres cubes $4\,075\,300$; le volume est donc $4\,075\,300$ litres.

Mesures pour le vin, l'alcool, etc.

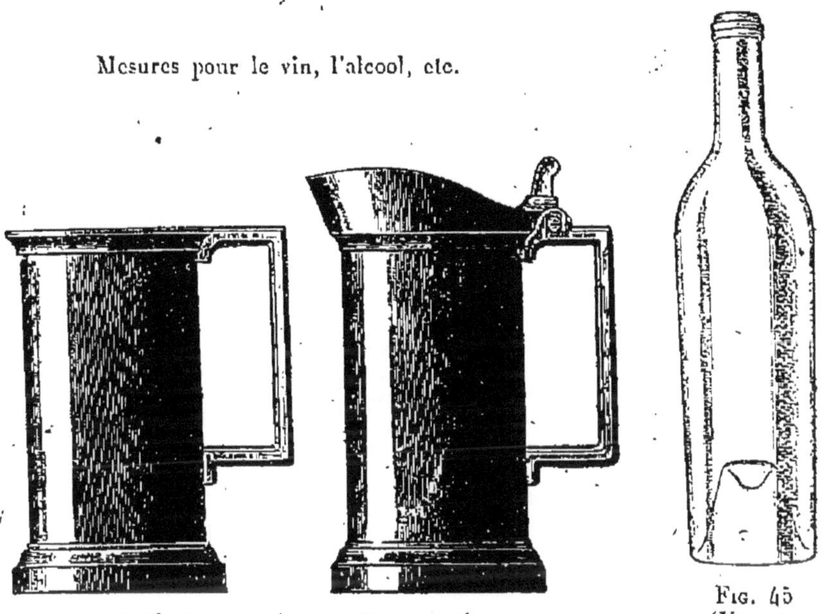

Fig. 43 (Étain).          Fig. 44 (Étain).          Fig. 45
(Verre).

**212. Mesures effectives.** — 1° Pour mesurer le vin, la bière, l'alcool, etc., on emploie des vases cylindriques (fig. 43 et 44) en étain ; la hauteur est double du diamètre intérieur ; ces vases ont une capacité de

| | | |
|---|---|---|
| 1 double litre | 1 double décilitre | 1 double centilitre |
| 1 litre | 1 décilitre | 1 centilitre. |
| 1 demi-litre | 1 demi-décilitre. | |

On renferme aussi ces liquides, pour les livrer au commerce de détail, dans des bouteilles en verre, auxquelles on donne le plus souvent la contenance de 1 litre (fig. 45) et qui servent ainsi de mesures en même temps que de récipients.

2° Pour mesurer le lait et l'huile, on emploie des vases cylindriques en fer-blanc, dont la hauteur est égale au

Mesures en fer-blanc.

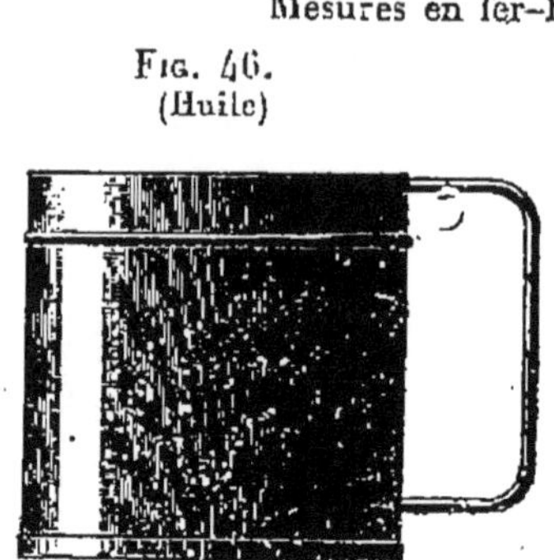

Fig. 46.
(Huile)

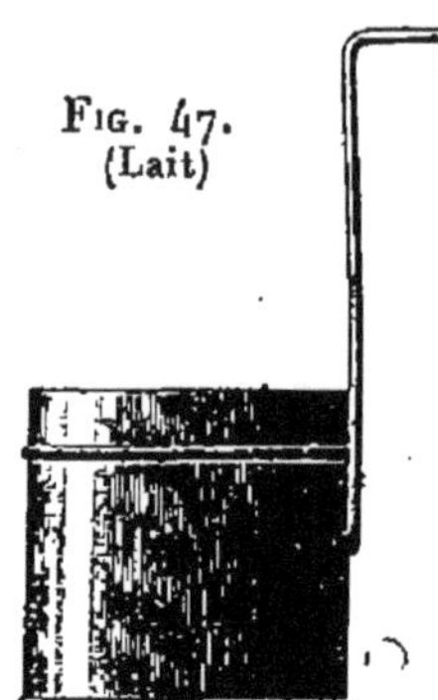

Fig. 47.
(Lait)

diamètre intérieur (*fig.* 46 et 47); ces vases forment la même série que pour les autres liquides.

3° Pour les grains, les légumes secs, le charbon de bois, on emploie des vases cylindriques en bois ou en métal, dont la hauteur est égale au diamètre (fig. 48); la série de ces vases est la suivante :

hectolitre
demi-hectolitre
double décalitre
décalitre
demi–décalitre
double litre
litre
demi-litre
double décilitre
décilitre
demi-décilitre.

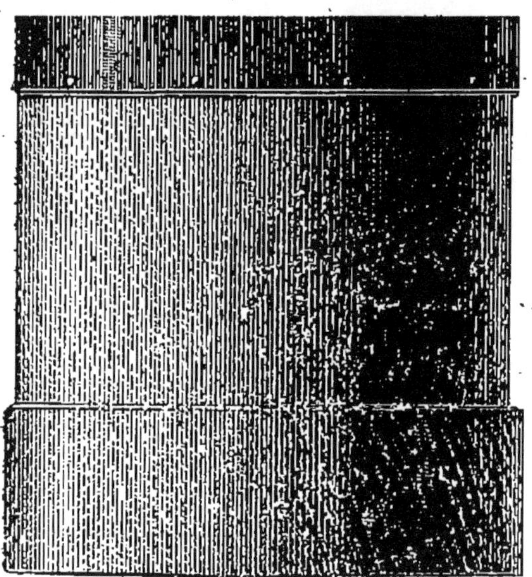

Fig. 48. — Mesures pour les matières sèches.

## QUESTIONS

1. Qu'est-ce qu'un cube ? un prisme droit ? Exemples.

2. Qu'est ce qu'un cylindre ? un cône ? Exemples.

3. Quelle est l'unité principale de volume ?

4. Quelles sont les unités secondaires de volume ?

5. Combien y a-t-il de mètres cubes dans 1 décamètre cube ? Le démontrer.

6. Comment écrit-on le nombre qui représente un volume ?

7. Comment lit-on le nombre qui représente un volume ?

8. Comment transforme-t-on le nombre qui mesure un volume, si l'on change d'unité ?

9. Comment obtient-on le volume d'un parallélépipède rectangle ? d'une pyramide ? d'un cylindre droit ? d'un cône ?

10. Quelle est l'unité de volume pour le bois de chauffage ?

11. Décrire un stère.

12. Quelle est l'unité principale de capacité ?

13. Quelles sont les unités secondaires de capacité ?

14. Comment ces unités dérivent-elles du litre ?

15. Comment écrit-on en litres un volume représenté par un nombre écrit avec le mètre cube pour unité ?

16. Quelles sont les mesures effectives de capacité ?

17. Décrire les mesures relatives au vin — au lait — aux matières sèches ?

18. Quelle est la série de ces mesures ?


## EXERCICES ORAUX


1. Combien y a-t-il de mètres cubes dans

$$13^{Dmc} \qquad 214^{Dmc},04 \qquad 0^{Dmc},24 \qquad 5^{Dmc},401$$
$$1^{Hmc} \qquad 2^{Hmc},352 \qquad 0^{Hmc},0006 \qquad 0^{Hmc},000005$$
$$1^{Kmc} \qquad 4^{Kmc},405 \qquad 0^{Kmc},00075 \qquad 0^{Kmc},00000084 \; ?$$

2. Combien y a-t-il de stères et de décistères dans

$$4^{mc},5 \qquad 35^{mc},7 \qquad 0^{mc},8 \qquad 0^{mc},87$$
$$2^{Dmc},54 \qquad 12^{Dmc},8754 \qquad 6^{Dmc},0802$$
$$1^{Hmc} \qquad 14^{Hmc},00087 \qquad 0^{Hmc},0008754 \; ?$$

3. Combien y a-t-il de litres dans

$$4^{Hl},75 \qquad 13^{Hl},04 \qquad 0^{Hl},204 \qquad 0^{Hl},08 \; ?$$

**4.** Combien y a-t-il de litres et de centilitres dans

$1^{mc},35$    $13^{dmc},08$    $4^{dmc},0567$    $0^{dmc},7$
$1^{Dmc}$    $4^{Dmc},087$    $12^{Dmc},07687$    $14^{Dmc},0006$ ?

**5.** Combien y a-t-il de centimètres cubes dans

$1^{l}$    $14^{l},8$    $25^{l},705$    $13^{l},006$    $0^{l},08$
$2^{Dl},25$    $14^{Dl},08$    $17^{Dl},0001$    $0^{Dl},007$    $0^{Dl},00075$ ?

# EXERCICES ÉCRITS ET PROBLÈMES

**1.** Ecrire en prenant le mètre cube pour unité :

3 mètres cubes 2 décimètres cubes
15 décamètres cubes 317 mètres cubes
1 hectomètre cube 48 mètres cubes 215 décimètres cubes
17 hectomètres cubes 15 décimètres cubes
28 kilomètres cubes 3 centimètres cubes.

**2.** Lire les nombres suivants :

$4^{mc},31$    $14^{mc},0006$    $25^{mc},400008$
$12^{Dmc},32$    $17^{Dmc},0007$    $189^{Dmc},4870008$
$0^{dmc},009$    $9^{dmc},4083$    $0^{dmc},000004$ ?

**3.** Ecrire ces nombres en prenant pour unité : 1° le décimètre cube ; 2° le centimètre cube ; 3° l'hectomètre cube.

**4.** Ecrire, en prenant pour unité le décimètre cube :

$4^{st},35$    $0^{st},087$    $12^{Dst}.03$    $5^{Dst},875$
$2^{dst},03$    $432^{dst},7$    $9^{dst},007$    $1415^{dst},08.$
$1^{l},4$    $17^{l},851$    $253^{l},98$    $454^{l},97$
$1^{Dl},35$    $24^{Dl},08$    $0^{Hl},007$    $4^{Dl},375.$

**5.** Une pièce de vin contient 228 litres ; on y ajoute 72 litres d'eau et en vendant ce vin à raison de $65^{fr}$ l'hectolitre, on réalise un bénéfice de $81^{fr}$ ; quel est le prix d'achat du litre ?

**6.** Combien peut-on remplir de bouteilles de $0^{lit},78$ avec $3^{mc},4$ de liquide ; combien restera-t-il de liquide ?

**7.** Trouver le volume d'un cube dont le côté a $3^{dm},4$.

**8.** Trouver le volume d'un parallélépipède rectangle qui a pour dimensions $3^{m},5$ ; $24^{dm}$ et $18^{cm}$.

**9.** Trouver le volume d'un parallélépipède rectangle dont la base a $4^{mq},061$ et la hauteur $1^{Dm},3$.

**10.** L'écart des montants d'un stère est $0^{m},95$ ; la longueur des bûches est $1^{m},5$ ; quelle est à $1^{cm}$ près la hauteur des montants ?

**11.** Une surface rectangulaire de $3^{Ha},5$ est couverte de neige sur une épaisseur de $1^{dm},2$ ; combien faut-il de tombereaux ayant une capacité de $2^{mc},1$ pour enlever cette neige ?

**12.** $1\,000^{Kg}$ de bois de chauffage valent $38^{fr},50$ ; trouver la valeur d'une pile de bois de $6^m$ de longueur sur $3^m$ de hauteur, la longueur des bûches étant $1^m,20$ ; on sait que le stère de bois de chêne pèse environ $840^{kg}$.

**13.** On veut empierrer un chemin de $11^m$ de largeur sur une longueur de $2^{Km}5^{Dm}$ ; l'empierrement a une profondeur de $0^m,30$ et les matériaux reviennent à $2^{fr},60$ le mètre cube ; quel est le prix total des matériaux employés ?

**14.** On veut construire une salle d'école ; quelle devra être la hauteur de cette salle, dont la superficie est $6\,250^{dmq}$, si elle doit contenir 25 personnes ? On sait qu'il faut $8^{mc}$ d'air par personne.

**15.** On creuse une citerne ayant la forme d'un cube de $1^m,50$ de côté ; 1° combien faudra-t-il enlever de terre ?

2° On garnit le fond et les parois de revêtements en briques ; l'épaisseur du revêtement est $8^{cm}$ ; quel sera le volume intérieur de la citerne ?

**16.** Une pièce de terre a la forme d'un rectangle de $45^m$ de longueur et $35^m$ de largeur ; on l'entoure d'un fossé de $0^m,50$ de largeur et de $0^m,45$ de profondeur ; quel volume de terre faut-il enlever ?

**17.** En mesurant un bloc de pierre, on a trouvé que c'était un cube de $1^m,20$ de côté ; on a fait une erreur en moins de $0^m,01$ sur la longueur et la largeur et une erreur de $0^m,02$ en plus sur la hauteur ; quelle erreur a-t-on faite sur l'évaluation du volume ?

**18.** Un vase cylindrique a pour base un cercle de rayon $0^m,25$ ; sa hauteur est $0^m,42$ ; quel est le volume à 1 centilitre près ?

**19.** Quelle devrait-être la hauteur d'un cône qui aurait même base que le cylindre précédent et dont le volume serait double ?

**20.** Un tuyau est formé d'une feuille de tôle enroulée en cylindre ; la longueur de cette feuille est $0^m,8$ ; sa largeur est $0^m,628$ ; 1° trouver la surface de la feuille ; 2° trouver le volume du cylindre formé. On supposera l'épaisseur de la feuille négligeable et l'enroulement fait suivant la largeur ?

**21.** Un réservoir cylindrique a pour rayon $0^m,5$ ; sa hauteur est $0^m,82$ ; on le remplit à l'aide d'un vase conique de $0^m,1$ de rayon et de $0^m,2$ de hauteur ; combien faudra-t-il verser de fois le contenu de ce vase pour remplir le réservoir ?

# CHAPITRE IV

## POIDS

**213.** On dit que deux corps ont le même *poids* s'ils se font équilibre, quand on les place dans les plateaux d'une bonne balance.

On dit qu'un corps a un poids double, triple, etc., d'un autre si, pour faire équilibre au premier, il faut placer dans l'autre plateau deux, trois, etc., corps qui ont le même poids que le second ; le poids du second corps est la moitié, le tiers du poids du premier.

On voit par là que, si l'on a choisi un corps pour unité de poids, on pourra représenter le poids d'un autre corps par un nombre, qui sera sa mesure ; le poids est donc une grandeur comme la longueur, la surface, le volume.

**214. Unité principale.** — *L'unité principale des poids est le* **gramme** *(fig. 49), que l'on écrit gr.*

*Le gramme est le poids d'un centimètre cube d'eau distillée, dans le vide, à la température de 4 degrés centigrades.*

Gramme. Centimètre cube d'eau
(Vraies grandeurs)
Fig. 49.

L'eau naturelle renferme des impuretés ; si on la fait bouillir et qu'on la recueille dans un vase, on obtient de l'*eau dis-tillée*, qui est pure : comme les impuretés peuvent changer le poids de l'eau, il est indispensable de prendre de l'eau distillée pour que son poids soit toujours le même ; faute d'avoir pris cette précaution, le gramme ne serait pas une unité fixe ; il dépendrait de l'eau employée.

On opère dans le vide, parce que lorsqu'un corps est pesé dans l'air, dans un gaz ou dans un liquide, on note une diminution de poids, qui dépend du milieu où on fait la pesée ; le gramme ne serait donc pas fixe, si on opérait dans l'air, qui ne donne pas toujours la même diminution.

Enfin, si l'on prend ces précautions, on constate que, suivant la température à laquelle on opère, le poids de l'eau est variable ; aussi, a-t-on dû indiquer la température à laquelle il fallait opérer ; on a choisi 4 degrés centigrades, parce que c'est à cette température que le poids de l'eau est le plus grand. On dit que l'eau a sa *densité maxima*.

En réalité, la pesée dans le vide est impossible, mais on peut, par un calcul enseigné en physique, corriger l'erreur que l'on commet par une pesée faite dans l'air.

**215. Unités secondaires.** — Les unités secondaires sont :

Le *myriagramme*, qui vaut 10 000 grammes, et qui s'écrit Mg.
Le *kilogramme*, — 1 000 — — Kg.
L'*hectogramme*, — 100 — — Hg.
Le *décagramme*, — 10 — — Dg.

Le *décigramme*, — $\dfrac{1}{10}$ de gramme — dg.

Le *centigramme*, — $\dfrac{1}{100}$ — — cg.

Le *milligramme*, — $\dfrac{1}{1\,000}$ — — mg.

A ces unités, il convient d'ajouter le *quintal métrique*, qui vaut 100 kilogrammes, et la *tonne métrique*, qui vaut 1 000 kilogrammes ; ces unités sont employées pour évaluer les chargements des voitures, des wagons ; pour les chargements des bateaux, on remplace le mot tonne par le mot *tonneau*.

Dire qu'un navire *jauge* 450 tonneaux, c'est dire que ce navire peut emporter une cargaison de 450 mille kilogrammes.

Enfin, ajoutons que le diamant et les perles fines sont

pesés à l'aide d'une unité particulière, le *carat*, qui vaut environ 212 milligrammes.

**216. Kilogramme.** — Dans l'usage courant, l'unité adoptée est, non pas le gramme, mais le kilogramme (*fig.* 50), qui, d'après sa définition, serait le poids d'un litre d'eau.

Fig. 50.

Ici encore, lors de la création du système métrique, diverses causes d'erreur se sont introduites dans l'évaluation du kilogramme et en réalité, le kilogramme, qui peut être considéré comme unité principale, est le poids d'un *étalon de platine* conservé aux Archives nationales ; d'ailleurs, la différence entre le poids de cet étalon et le poids du litre d'eau distillée à 4 degrés centigrades est absolument négligeable, même dans les pesées les plus précises.

**217. Changement d'unité.** — *Les unités de poids se succèdent suivant la loi décimale :* il sera donc aisé d'écrire le nombre qui représente un poids et de changer d'unité ; le procédé est le même que celui qui a servi pour les longueurs, les mesures agraires et les mesures de capacité.

Exemples : 1 kilogramme 2 décagrammes s'écrit :

$$1^{Kg},02 \quad \text{ou} \quad 102^{Dg} \quad \text{ou} \quad 1\ 020^{gr}$$

**218.** De la définition du gramme et de la loi de succession des unités dérivées, il résulte une relation très simple entre les unités de volume ou de capacité et les unités de poids, il suffira de l'indiquer sans y insister.

| | | |
|---|---|---|
| le centilitre | d'eau pèse | 1 décagramme. |
| le décilitre | — | 1 hectogramme. |
| le litre | — | 1 kilogramme. |
| le décalitre | — | 1 myriagramme. |
| l'hectolitre | — | 1 quintal métrique. |
| le mètre cube | — | 1 tonne. |

**219. Poids effectifs.** — Il y a trois catégories de poids suivant leur grandeur :

1° Les gros *poids* sont *en fonte* et ont la forme hexagonale ou rectangulaire ; ils portent un anneau qui permet de les soulever (*fig.* 5o) ; sur la face supérieure est inscrit le

Fig. 5i. — Poids en fonte.

nombre de kilogrammes ; la série de ces poids est la suivante :

demi-hectogramme      demi-kilogramme      demi-myriagramme
hectogramme           kilogramme           myriagramme
double hectogramme    double kilogramme    double myriagramme.

En réalité, les inscriptions mises sur ces poids sont :

$\frac{1}{2}$ hectog.     $\frac{1}{2}$ kilog.      5 kilog.

                                              10 kilog.

1 hectog.     1 kilog.      20 kilog.

2 hectog.     2 kilog.

2° Les *poids* moyens sont *en cuivre* ; ils ont la forme d'un cylindre surmonté d'un bouton (*fig.* 52).

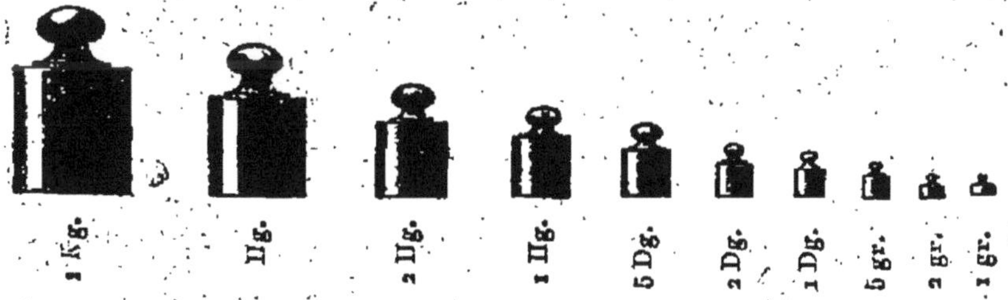


Fig. 52. — Poids en cuivre (réduits au 1/5).

Leur série se compose de

| 1 gr. | 1 décagr. | 1 hectogr. | 1 kilogr. |
| 2 gr. | 2 décagr. | 2 hectogr. | 2 kilogr. |
| 5 gr. | 5 décagr. | 5 hectogr. | 5 kilogr. |

3° Les petits poids sont en laiton, en aluminium, en argent ou en platine ; ce sont des lames métalliques car-

FIG. 53. — Poids en lames.

rés à coins coupés (*fig.* 53) ; souvent un coin est relevé pour permettre de saisir le poids avec une pince (*fig.* 54).

La série de ces poids, qui sont surtout employés par les bijoutiers et les pharmaciens pour les très petites pesées, comprend :

FIG. 54.

| 1 milligr. | 1 centigr. | 1 décigr. |
| 2 milligr. | 2 centigr. | 2 décigr. |
| 5 milligr. | 5 centigr. | 5 décigr. |

**220 Balance.** — Pour faire une pesée, on se sert de

FIG. 55. — Balance du commerce.

balances (*fig.* 55 et 56) ; mais il peut arriver que l'appareil employé ne donne pas des indications rigoureusement

exactes ; dans la pratique ordinaire, les balances vérifiées
et poinçonnées (*) sont suffisamment précises ; mais,

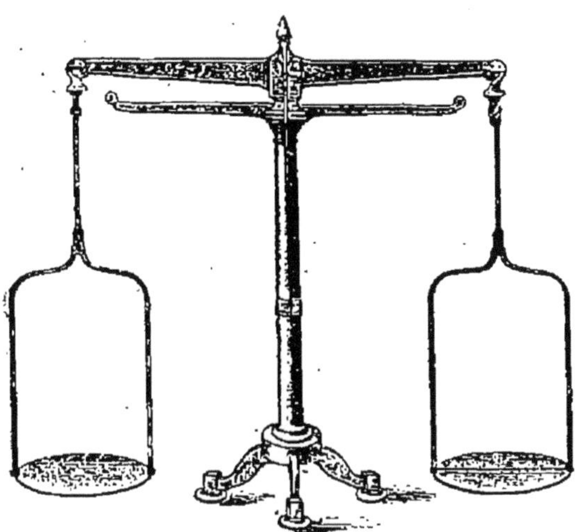

Fig. 56. — Balance ordinaire.

dans les recherches délicates de la physique, il faut employer des appareils spéciaux appelés balances de précision ; de plus, comme on ne peut jamais être sûr de l'appareil, on procède par la méthode des *doubles pesées*.

On met dans le premier plateau le corps que l'on veut peser ; dans l'autre plateau, on met une *tare*, c'est-à-dire des corps quelconques, de la grenaille de plomb, par exemple, de façon à établir l'équilibre ; puis on enlève le corps du

---

(*) Les balances et les poids, comme toutes les mesures métriques, sont soumis, ainsi que nous l'avons dit, au contrôle annuel des *vérificateurs des poids et mesures*. Tous les commerçants vendant au poids ou à la mesure sont tenus de présenter leurs instruments de pesage et de mesure à ces agents, pendant le séjour qu'ils font chaque année dans le canton. Après vérification, les instruments sont poinçonnés et nul commerçant ne peut faire usage d'appareils non munis du poinçon.

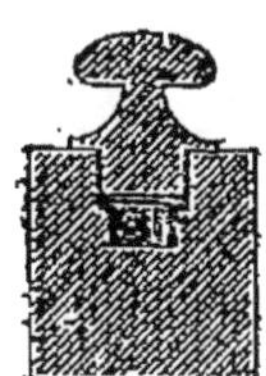

Fig. 57.

Les poids en cuivre qui sont l'objet d'un emploi et de nettoyages répétés peuvent, à la longue, perdre un peu de leur poids. Pour permettre de corriger cette perte, on leur donne quelquefois la forme de la figure 57 : les poids rigoureux sont rétablis par les vérificateurs par addition, en quantité nécessaire, de matières réduites en menus fragments — généralement de la grenaille de plomb — qu'ils introduisent dans la cavité ménagée à cet effet. Le bouton est ensuite replacé, puis scellé par eux, de telle sorte qu'il ne puisse être enlevé sans briser le poinçon de garantie.

Les poids des autres formes sont aussi corrigés, quand il y a lieu, par soudure de matières métalliques.

premier plateau et on le remplace par des poids marqués, jusqu'à ce qu'il y ait de nouveau équilibre ; en additionnant les nombres qui figurent sur les poids marqués, d'après leur ordre de grandeur, on a le poids cherché.

**221. Boîte de poids.** — Pour faire une pesée, il faut donc une balance et une série de poids ; suivant la nature des corps que l'on a à peser, on prendra des poids de

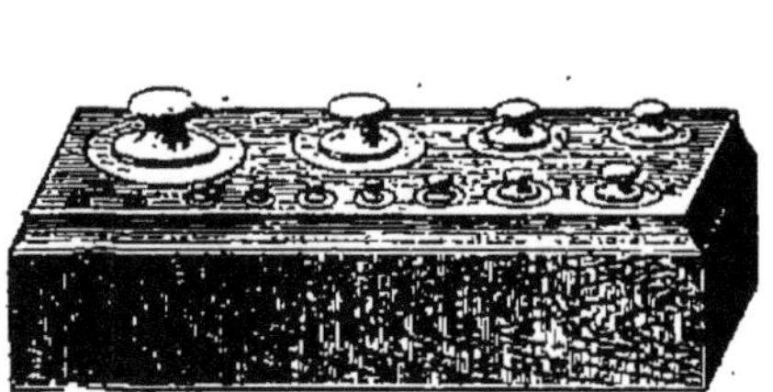
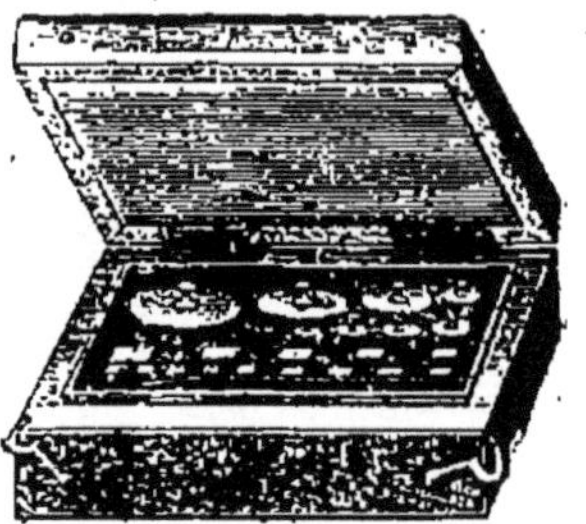

Fig. 58. — Boîtes de poids marqués.

l'une ou l'autre catégorie ; dans tous les cas, la collection de ces poids doit permettre une évaluation à une unité près de l'ordre le moins élevé qui figure dans la catégorie et doit permettre de peser des corps dont le poids est inférieur au double du poids le plus grand de la catégorie. L'ensemble des poids nécessaires constitue une boîte de poids (*fig.* 58) : il est formé d'un poids de chaque unité ou demi-unité et de deux poids de chaque double.

Ainsi, si l'on prend la deuxième catégorie, la boîte de poids comprendra :

| 1 poids de 1 gr. ; | de 1 décagr. ; | de 1 hectogr. ; | de 1 kilogr. ; |
|---|---|---|---|
| 2 — 2 gr. ; | — 2 — | — 2 — | — 2 — |
| 1 — 5 gr. ; | — 5 — | — 5 — | — 5 — |

Pour peser un corps de $6^{kg},345$, on prendra :

| 1 poids de $5^{Kg}$. | 1 — de $1^{Hg}$. |
|---|---|
| 1 — de $1^{Kg}$. | 2 — de $2^{Dgr}$. |
| 1 — de $2^{Hg}$. | 1 — de $5^{gr}$. |

## Densité.

**222.** *On appelle densité d'un corps le nombre qui mesure le poids d'un décimètre cube de ce corps, le poids étant exprimé en kilogrammes.*

Ainsi :

1$^{\text{dme}}$ de fer      pesant 7$^{\text{k}}$,2,   la densité du fer    est 7,2 ;
1$^{\text{dme}}$ d'or          — 19$^{\text{k}}$,26,       — de l'or    est 19,26 ;
1$^{\text{dme}}$ ou 1$^{\text{lit}}$ d'huile — 0$^{\text{k}}$,91,       — de l'huile est 0,91.

D'après cela, on obtient le poids en kilogrammes d'un corps en multipliant le nombre qui mesure son volume en décimètres cubes ou en litres par sa densité ; inversement, on obtient le volume exprimé en litres en divisant le nombre qui mesure le poids en kilogrammes par la densité.

On a là un moyen simple de trouver le volume d'un corps de forme compliquée.

Exemples :

1° *Trouver le poids d'un bloc de marbre de* 3$^{\text{dmc}}$,4, *la densité du marbre étant* 2,6.

Le poids exprimé en kilogrammes sera

$$3,4 \times 2,6 = 8,84.$$

2° *Trouver le volume d'un morceau de fer dont le poids est* 10$^{\text{kg}}$,80 ; *la densité du fer est* 7,2.

Le volume exprimé en décimètres cubes est

$$\frac{10,8}{7,2} = 1,5.$$

## QUESTIONS

**1.** Quand dit-on que deux corps ont même poids ?

**2.** Quand dit-on que le poids d'un corps est double de celui d'un autre ?

3. Définir le gramme.

4. Expliquer les termes de cette définition.

5. Quelles sont les unités secondaires de poids ?

6. Quelle est l'unité pour les chargements de bateaux ?

7. Indiquer la relation entre le volume en litres et le poids en kilogrammes de l'eau distillée à 4°.

8. Quelles sont les différentes catégories de poids effectifs ?

9. Enumérer les poids de chaque catégorie.

10. En quoi consiste la méthode des doubles pesées ?

11. Comment est composée une boîte de poids ?

12. Définir la densité d'un corps.

13. Comment obtient-on le poids d'un corps, dont on connaît le volume et la densité ?

14. Comment obtient-on le volume d'un corps dont on connaît le poids et la densité ?

<h1 style="text-align:center">EXERCICES ORAUX</h1>

1. Combien y a-t-il de décigrammes dans

$$4^{gr}28 \quad 3^{gr},5 \quad 1^{Dg} \quad 4^{Dg},78 \quad 0^{Dg},05.$$
$$1^{Kg} \quad 4^{Kg},07 \quad 14^{Kg},285 \quad 0^{Kg},0408 ?$$

2. Combien y a-t-il de grammes et de centigrammes dans

$$1 \text{ quintal} \quad 42 \text{ quintaux} \quad 1 \text{ tonne} \quad 17 \text{ tonnes ?}$$

3. Dire quels sont les poids des volumes d'eau suivants :

$$3^{l},75 \quad 14^{l},08 \quad 0^{l},75 \quad 0^{l},085 \quad 3^{dl},04$$
$$2^{dmc},07 \quad 1^{cmc},08 \quad 15^{mc},085 \quad 3^{Dmc},075.$$

<h1 style="text-align:center">EXERCICES ÉCRITS ET PROBLÈMES</h1>

1. Ecrire les nombres suivants en prenant pour unité 1° le gramme ; 2° le kilogramme :

$$345^{cg} \quad 248^{mg} \quad 7^{Dg},08 \quad 15^{Hg},74$$
$$25^{Dg},7501 \quad 3^{Mg},75 \quad 12^{Mg},0008 \quad 127^{Hg},0084.$$
$$1^{quintal},05 \quad 35^{quint},875 \quad 1^{tonne},78 \quad 17^{tonnes},085.$$

2. Une bouteille pleine d'eau pèse 1$^{kg}$,875 ; vide, elle pèse 985$^{gr}$ : quelle est sa capacité ?

3. Une bouteille pleine d'eau pèse 1$^{kg}$,075 ; sa capacité est 753$^{cmc}$ combien pèse-t-elle vide ?

4. Pour peser du sucre, on a épuisé tous les poids d'une boîte allant de 1$^{gr}$ à 500$^{gr}$ ; le sucre valant 1$^{fr}$,20 le kilog.; quel est le prix que l'on doit payer ?

5. Un lingot d'argent pèse 1$^{kg}$,75 ; quel est son volume, la densité de l'argent étant 10,5 ?

6. Une bouteille est remplie de mercure et pèse 11$^{kg}$,32 ; sa capacité est 0$^l$,75 ; combien pèse-t-elle vide, si la densité du mercure est 13,6 ?

7. Une bouteille pleine de mercure pèse 12$^{kg}$,18 ; vide, elle pèse 1$^{kg}$,98 ; quelle est sa capacité, la densité du mercure étant 13,6 ?

8. Une cuve, qui a la forme d'un parallélépipède rectangle, a pour longueur 0$^m$,35 et pour largeur 0$^m$,28 ; on y verse 33$^{kg}$,32 de mercure, de densité 13,6 ; à quelle hauteur montera le mercure ?

9. Une caisse en fer a la forme d'un cube creux ; le côté extérieur a 0$^m$,45 ; le côté intérieur a 0$^m$,40 ; quel en est le poids, la densité du fer étant 7,2 ?

10. Un vase vide pèse 0$^{kg}$,254 ; plein d'eau, il pèse 1$^{kg}$,017 ; plein d'un autre liquide, il pèse 2$^{kg}$,77 ; quelle est à $\dfrac{1}{100}$ près la densité de ce liquide ?

11. La glace a pour densité 0,93 ; quel volume de glace faut-il faire fondre pour avoir 2$^{lit}$,75 d'eau ?

12. Le vin donne à la distillation $\dfrac{1}{8}$ de son volume d'alcool ; quel volume de vin faut-il distiller pour obtenir 72$^{kg}$,75 d'alcool ; la densité de l'alcool est 0,8.

13. On fond ensemble 455$^{gr}$ d'argent et 51$^{gr}$ de cuivre ; la densité de l'argent est 10,5 ; celle du cuivre est 8,85 ; quel sera le volume du lingot et quelle sera sa densité ?

14. A volume égal, le poids de l'aluminium est les $\dfrac{85}{349}$ du poids de l'argent ; trouver la densité de l'aluminium, celle de l'argent étant 10,5.

# CHAPITRE V

## MONNAIES

**223.** Les monnaies françaises sont de trois sortes : les *monnaies d'or*, les *monnaies d'argent* et les *monnaies de bronze*. Ces monnaies ne sont pas formées d'un seul métal, comme leur nom semble l'indiquer ; ce sont des alliages.

On appelle alliage un corps obtenu en fondant ensemble plusieurs métaux ; le nouveau corps obtenu a des propriétés un peu différentes de celles de chacun des métaux qui le constituent ; en alliant l'or ou l'argent avec le cuivre, on obtient un alliage qui a plus de dureté et répond mieux aux besoins journaliers que ces métaux purs.

**224. Titre.** — *On appelle titre d'un alliage le nombre qui mesure en kilogrammes le poids de métal précieux contenu dans 1 kilogramme d'alliage.*

Ainsi, le titre d'un alliage d'or et de cuivre est 0,75 si 1 kilogramme d'alliage contient $0^{kg},75$ d'or et $0^{kg},25$ de cuivre.

On voit que cela revient à dire que le titre est une fraction dont le numérateur est le nombre qui exprime le poids du métal précieux et le dénominateur, le nombre qui exprime le poids de l'alliage.

**225. Unité principale.** — *L'unité principale des*

*monnaies est le* **franc.** *Le franc est une pièce d'argent au titre de* 0,9 (*) *et du poids de cinq grammes (fig.* 59).

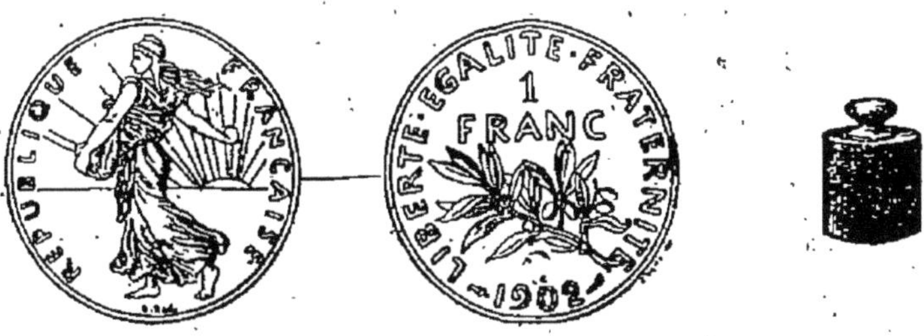



Fig. 59. — Le franc (poids de 5 grammes) [vraies grandeurs].

Telle est la définition du franc *légal,* telle qu'elle a été donnée lors de l'établissement du système métrique.

Le franc n'a pas de multiple.

Les sous-multiples sont

Le *décime* qui vaut $\dfrac{1}{10}$ de franc ;

Le *centime* qui vaut $\dfrac{1}{100}$ de franc.

**226. Monnaies d'argent.** — Il y a cinq pièces d'argent ; primitivement, elles étaient au titre de 0,9 ; comme les pièces des États voisins étaient à un titre inférieur, il s'était établi un trafic, qui consistait à exporter notre monnaie d'argent à l'étranger ; là, on la fondait et elle revenait en France à un titre inférieur. Pour remédier à cet état de choses, la France a conclu en 1865 une convention monétaire avec la Belgique, la Suisse, l'Italie et la Grèce, pour fixer des types de monnaie uniforme.

Les pièces de 5 francs sont au titre de 0,9.

---

(*) L'alliage au titre de 0,917 est celui qui a la plus grande dureté ; ceci explique le choix du titre 0,9 très simple et qui diffère peu du précédent.

Les pièces de 0$^{fr}$,20 ; 0$^{fr}$,50 ; 1$^{fr}$ et 2$^{fr}$ sont au titre de 0,835 ; elles constituent la monnaie divisionnaire.

**227. Monnaies d'or.** — Il y a cinq pièces d'or, qui ont pour valeurs

$$5^{fr}, \ 10^{fr}, \ 20^{fr}, \ 50^{fr} \text{ et } 100^{fr} ;$$

il y avait au début des pièces de 40$^{fr}$ ; elles ont encore cours, mais on n'en frappe plus de nouvelles.

Toutes ces pièces sont au titre de 0,9.

Leur poids est déterminé par la convention suivante :

*La monnaie d'or vaut, à poids égal, quinze fois et demie plus que la monnaie d'argent.*

**228. Monnaies de bronze.** — Il y a quatre pièces de bronze ; elles ont pour valeurs

$$0^{fr},10 ; \ 0^{fr},05 ; \ 0^{fr},02 \text{ et } 0^{fr},01.$$

Elles sont formées d'un alliage de 95 parties de cuivre 4 parties d'étain et 1 partie de zinc.

Leur poids est déterminé par la convention suivante :

*La monnaie de bronze vaut, à poids égal, 20 fois moins que la monnaie d'argent ; le centime pèse donc 1 gr.*

On frappe également depuis peu de temps des pièces de nickel pur, qui valent 0$^{fr}$,25 et pèsent 7$^{gr}$.

**229.** Il y a lieu de faire une distinction importante entre ces différentes monnaies : celles d'or et d'argent sont de véritables marchandises, c'est-à-dire qu'elles représentent la vraie valeur de la matière qui les forme ; au contraire, les monnaies de bronze ou *billon* sont des monnaies purement représentives ; elles ne valent pas, à beaucoup près, comme matière, la valeur marquée : aussi, peut-on refuser un paiement en bronze supérieur à 5 francs.

**230.** La convention qui a fixé le poids des monnaies d'or a été faite à une époque où l'argent valait quinze fois et demie moins que l'or ; il n'en est plus de même aujourd'hui ; comme pour toutes les matières, la valeur de l'or et de l'argent est soumise à des fluctuations, qui font que les monnaies ne sont jamais exactement marquées au prix réel de la matière précieuse qu'elles renferment ; mais, si le prix de l'or a assez peu varié, il n'en est pas de même de celui de l'argent ; il vaut aujourd'hui près de trente fois moins que l'or à poids égal.; aussi, la convention monétaire a-t-elle limité la quantité de monnaie d'argent qui peut être frappée, cette monnaie ne valant plus la somme qu'elle représente.

231. La frappe des monnaies n'est pas libre ; elle se faisait autrefois dans différentes villes, et chaque pièce portait une lettre indiquant la ville où elle avait été frappée ; aujourd'hui, toutes les monnaies françaises sont fabriquées à l'Hôtel des Monnaies, à Paris.

La loi fixe le poids, le titre et les dimensions des différentes pièces ; toutefois, à cause des difficultés de fabrication, la loi autorise un léger écart entre les données légales et le poids et le titre réels ; c'est la *tolérance*.

Nous indiquons à la page suivante le tableau complet de ces données.

232. Billets de banque. — Enfin, pour la facilité des paiements, on utilise des *billets de banque*. La Banque de France est un établissement financier, placé sous la surveillance de l'État, et qui est autorisé à mettre en circulation des billets sur lesquels est inscrite une somme déterminée ; un tel billet est accepté dans les échanges comme représentant la valeur qui y est inscrite ; on peut toujours porter ce billet à la Banque et on reçoit en échange des monnaies d'or ou d'argent pour la valeur indiquée.

La Banque de France est obligée d'avoir en réserve une certaine quantité de monnaies d'or et d'argent en rapport avec le nombre des billets qu'elle a émis. Les billets qui circulent le plus généralement sont les billets de 50, 100, 500 et 1 000 francs.

# TABLEAU RÉCAPITULATIF DU SYSTÈME MÉTRIQUE

| MESURES | DÉSIGNATION ET FIGURE DES UNITÉS PRINCIPALES | | RÉDUCTION LINÉAIRE des figures | BASE DES UNITÉS PRINCIPALES ET RAPPORT DES UNITÉS ENTRE ELLES | |
|---|---|---|---|---|---|
| Longueurs. | MÈTRE m. |  Base du système métrique. | Au $50^e$. |  | $10\,000\,000^e$ partie du quart du méridien terrestre. |
| Surfaces. | MÈTRE CARRÉ mq. |  | Au $50^e$. | 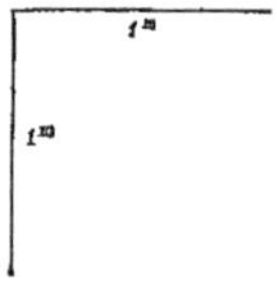 | Carré de $1^m$ de côté. |
| Volumes. | MÈTRE CUBE mc. | 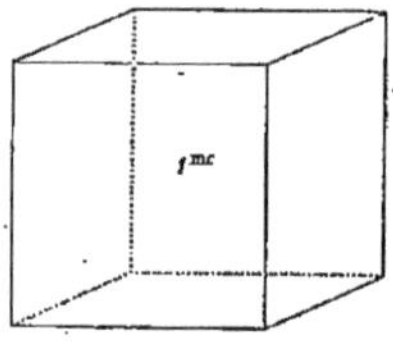 | Au $50^e$. | 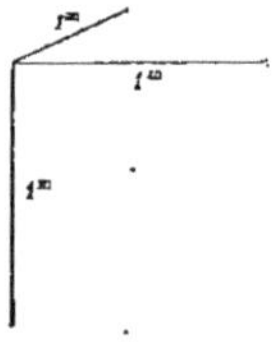 | Cube de $1^m$ de côté. |
| Capacités. | LITRE l. | 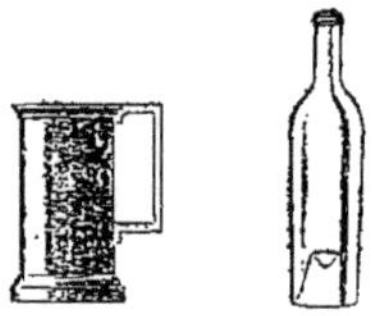 | Au $10^e$. | 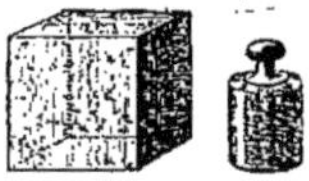 | Volume de $1^{dmc}$. |
| Poids. | GRAMME gr. |  1 gr. | Vraie grandeur. | 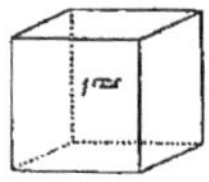 | Poids de $1^{cmc}$ d'eau distillée. |
| Monnaies. | FRANC fr. |  | Vraie grandeur. |  | Poids de $5^{gr}$. |
| Mesures agraires. | ARE a. |  $1^a = 100^{mq}$. | Au $1\,000^e$. | 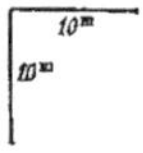 | Carré de $10^m$ de côté. |
| Mesure pour les bois de chauffage. | STÈRE st. |  | Au $100^e$. | 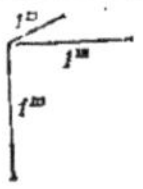 | $1^{mc}$. |

| VALEURS | | DIAMÈTRES | POIDS LÉGAL | TITRE LÉGAL | TOLÉRANCES | |
|---|---|---|---|---|---|---|
| | | | | | DE TITRE en plus ou en moins. | DE POIDS |
| Pièces d'or | 100$^{fr}$ | 35mm | 32$^{gr}$,258 | | | 32$^{mgr}$,258 |
| | 50 | 28 | 16 129 | 900 millièmes | 1 millième | 16 129 |
| | 20 | 21 | 6 451 | | | 12 002 |
| | 10 | 19 | 3 225 | | | 6 450 |
| Pièces d'argent | 5 | 37 | 25 | 900 millièmes | 2 millièmes | 75 |
| | 2 | 27 | 10 | | | 50 |
| | 1 | 23 | 5 | 835 millièmes | 3 millièmes | 25 |
| | 0 50 | 18 | 2 500 | | | 17 5 |
| Pièces de bronze | 0 10 | 30 | 10 | Cuivre. 95 centièmes / Étain.. 4 — / Zinc. . 1 — / (sur) 100 | 1 pour 100 | 10 |
| | 0 05 | 25 | 5 | | ½ pour 100 | 50 |
| Pièce de nickel | 0 25 | 24 | 7 | Nickel pur | Minimum de pureté : $\dfrac{980}{1000}$ | 10 |

## QUESTIONS

1. Définir un alliage.

2. Définir le titre d'un alliage.

3. Définir le franc légal.

4. Quels sont les sous-multiples du franc ?

5. Quelles sont les pièces d'argent ? — Quel est leur titre ?

6. Quelles sont les pièces d'or ?

7. Quel est leur titre ? — comment détermine-t-on leur poids ?

8. Quelles sont les monnaies de bronze ?

9. De quelles matières sont-elles formées ?

10. Comment détermine-t-on leur poids ?

11. Quelles sont les monnaies qui représentent leur valeur commerciale ?

12. Qu'appelle-t-on tolérance ?

13. Que représente un billet de banque ?

14. Quels sont les différents billets de banque ?

## EXERCICES ORAUX

1. Quel est le poids des sommes suivantes en argent ?

$$3^{fr} \quad 14^{fr} \quad 30^{fr} \quad 42^{fr} \quad 150^{fr} \quad 342^{fr}$$
$$0^{fr},70 \quad 1^{fr},50 \quad 1^{fr},20 \quad 17^{fr},20 \quad 18^{fr},50.$$

2. Quel est le poids des sommes suivantes en bronze ?

$$0^{fr},10 \quad 0^{fr},15 \quad 0^{fr},35 \quad 3^{fr},15 \quad 4^{fr},05.$$

3. Les sommes suivantes sont payées en pièces d'argent de $5^{fr}$, $2^{fr}$, $1^{fr}$ et $0^{fr},50$ ; l'appoint est en billon ; quels sont leurs poids :

$$2^{fr},15 \quad 3^{fr},25 \quad 3^{fr},75 \quad 5^{fr},50 \quad 6^{fr},85$$

## EXERCICES ÉCRITS ET PROBLÈMES

1. Quel est le titre d'un alliage renfermant $495^{gr}$ d'or et $75^{gr}$ de cuivre ?

2. Quel est le titre d'un alliage pesant 785$^{gr}$ et renfermant 85$^{gr}$ de cuivre ?

3. Combien de pièces de 5$^{fr}$ peut-on faire avec un lingot d'argent pur pesant 1 012$^{gr}$,5 ; combien devra-t-on ajouter de cuivre ?

4. Combien pourrait-on faire de pièces de 2$^{fr}$ avec le même lingot ? resterait-il de l'argent non employé, et s'il en reste, pourra-t-on faire des pièces divisionnaires avec cet argent ?

5. On fond ensemble 40 pièces de 5$^{fr}$ ; combien y a-t-il d'argent pur dans le lingot ? combien faut-il ajouter de cuivre pour avoir des monnaies divisionnaires et combien pourra-t-on faire avec cet alliage de pièces de 0$^{fr}$,50 ?

6. On a payé 783$^{fr}$ en pièces d'argent ; on a donné le même nombre de pièces de chaque espèce ; combien a-t-on donné de pièces ?

7. On a payé 1 050$^{fr}$ en pièces de 5$^{fr}$, 2$^{fr}$, et 1$^{fr}$ ; combien a-t-on donné de pièces si pour une pièce de 1$^{fr}$, on donne 2 pièces de 2$^{fr}$ et 5 pièces de 5$^{fr}$ ?

8. Quel est le prix de revient d'une pièce de 5$^{fr}$, sachant que, au cours du jour, le kilogramme d'argent pur vaut 218$^{fr}$,50, le kilogramme de cuivre vaut 3$^{fr}$,70 et que les frais de fabrication s'élèvent à 1$^{fr}$,50 par kilogramme de monnaie frappée ?

9. Quelle somme en or peut-on faire avec 0$^{kg}$,345 d'or fin ? combien faut-il employer de cuivre ? reste-t-il de l'or ?

10. Une somme est formée de poids égaux de monnaies d'or et d'argent ; le poids total étant 1 240 grammes, quelle est la valeur de cette somme ?

11. La différence de poids entre une somme en or et cette même somme en argent est 435$^{gr}$ ; quelle est cette somme ?

12. Quelle somme peut-on fabriquer avec 20 grammes d'étain ? combien aura-t-on de pièces de 5 et 10 centimes, si l'on fabrique 2 fois plus de pièces de 10 centimes que de pièces de 5 centimes ?

13. La différence entre le poids d'une somme en argent et le poids de cette somme en bronze est 1 140$^{gr}$ ; quelle est cette somme ? combien la somme en argent contient-elle de cuivre de moins que la somme en bronze, en supposant la somme formée de pièces divisionnaires ?

14. On paie une somme en or, une somme égale en argent, et la même somme en bronze ; le poids total étant 8 425$^{gr}$,$\frac{25}{31}$ ; quelles sommes a-t-on payé ?

**15.** On extrait le cuivre contenu dans 346$^{fr}$ ; cette somme est formée de la plus grande quantité de monnaie d'or possible, puis l'appoint est formé de la plus grande quantité de monnaie d'argent possible ; avec ce cuivre, on fait de la monnaie de billon ; combien peut-on en faire ?

**16.** On fond ensemble toutes les pièces d'argent de la série de notre monnaie : quel est le titre de l'alliage obtenu ? Combien pourrait-on faire de pièces de 0$^{fr}$,20 avec cet alliage, et combien faudrait-il ajouter de cuivre ?

**17.** Le double ducat en or des Pays-Bas pèse 6$^{gr}$,988 et son titre est 0,978 ; quelle est sa valeur en francs ? on néglige le prix du cuivre ?

**18.** Un vase cylindrique vide est équilibré par une tare ; on le remplit d'eau et on rétablit l'équilibre en plaçant à côté de la tare 12 pièces de 5$^{fr}$ en argent, 3 pièces de 2$^{fr}$ et 4 pièces de 10 centimes ; 1° quelle est la capacité du cylindre ; 2° quelle est sa hauteur si le rayon est 0$^{m}$,04 ?

# CHAPITRE VI

## ANCIENNES MESURES

### Longueurs.

**233. Longueurs.** — L'unité était la *toise*.

Elle se divisait en 6 *pieds*.

Le pied se divisait en 12 *pouces*.

Le pouce se subdivisait en 12 *lignes*.

Pour mesurer les étoffes on employait une autre unité,

l'*aune*, qui valait 3 pieds 7 pouces 10 lignes, $\dfrac{10}{12}$ de ligne.

La toise valait $1^{m},94904$.

Le pied — $0^{m},32484$.

Le pouce — $0^{m},02707$.

La ligne — $0^{m},002256$.

**234. Mesures itinéraires.** — Les mesures itinéraires avaient pour unités :

La *lieue terrestre*, qui vaut $4\,444^{m},44$ ; il y en a 25 au degré.

La *lieue marine*, qui vaut $5\,555^{m},55$ ; il y en a 20 au degré.

Le *mille marin*, qui est le tiers de la lieue marine et vaut $1\,852^{m}$, est encore employé pour évaluer les distances en mer.

Pour mesurer la vitesse d'un navire, on se sert d'une corde

appelée *loch* portant des *nœuds* à des intervalles de $\dfrac{1}{120}$ du mille marin ($15^m,435$); cette corde est enroulée sur un treuil et est terminée par une bouée. On lance la bouée à la mer et on laisse dérouler le loch : on compte le nombre de nœuds filés pendant 30 secondes évaluées à l'aide d'un sablier et on en déduit le chemin parcouru pendant ce temps.

Ainsi, dire qu'un navire *file* 21 *nœuds*, c'est dire qu'en 30 secondes, il a parcouru $\dfrac{21}{120}$ de mille marin ; il parcourt donc en une heure $\dfrac{21}{120} \times \dfrac{60 \times 60}{30}$ de mille marin, soit 21 milles marins, ou $1\,852^m \times 21 = 40^{Km},892$.

## Surfaces.

**235.** Les unités étaient des carrés ayant pour côtés les unités de longueur ; la *toise carrée* était un carré d'une toise de côté ; le *pied carré*, un carré d'un pied de côté, etc.

On voit que la toise carrée valait 36 pieds carrés ; le pied carré valait 144 pouces carrés, etc.

Il est d'ailleurs facile de convertir ces unités en mètres carrés.

**236. Mesures agraires. —** Les unités pour les mesures agraires étaient :

La *perche des eaux et forêts*, carré de 22 pieds de côté.

L'*arpent des eaux et forêts*, valant 100 perches.

La *perche de Paris*, carré de 18 pieds de côté.

L'*arpent de Paris*, valant 100 perches de Paris ; cet arpent équivaut à un carré de 30 toises de côté.

L'*arpent des eaux et forêts* est à peu près équivalent au demi-hectare, et l'arpent de Paris à $\dfrac{1}{3}$ d'hectare.

L'expression arpent est encore fréquemment employée dans les campagnes.

## Volumes.

237. Les unités étaient des cubes ayant pour côtés les unités de longueur ; ainsi, la *toise cube* avait pour côté 1 toise.

Les unités pour le bois de chauffage étaient :

La *corde*, valant 112 pieds cubes (à peu près 3$^{st}$,839).

La *voie*, valant une demi-corde.

Ces expressions sont encore employées quelquefois.

Les liquides étaient mesurés à l'aide du *muid* de 288 *pintes*.

La *pinte* de Paris valait 0$^l$,93 et se divisait en 2 *chopines*.

Les grains étaient mesurés à l'aide du *muid* de 12 *setiers*.

Le *setier* valait 12 *boisseaux*.

Le *boisseau de Paris* équivalait à 13 litres.

## Poids.

238. L'unité était la *livre*, valant 0$^{kg}$,48951.

La livre valait 2 *marcs*.

Le marc valait 8 *onces*.

L'once valait 8 *gros*.

Le gros valait 72 *grains*.

On se servait aussi du *quintal* valant 100 livres et du tonneau valant 2 000 livres.

On parle encore aujourd'hui de *livre*, qui est considérée comme équivalente à $\dfrac{1}{2}$ kilog et d'*once*, qui est considérée comme équivalente à 30 grammes.

## Monnaies.

**239.** L'unité était la *livre tournois*, qui équivaut à peu près à 1 franc (*).

La livre se divisait en 20 *sous* ;

Le sou se divisait en 4 *liards* ;

Le liard se divisait en 3 *deniers*.

Les pièces effectives étaient :

Le *louis* de 24 livres en or :

Le *double louis* et le *demi-louis* en or ;

L'*écu de* 6 *livres* et l'*écu de* 3 *livres* en argent ; il n'y avait pas de pièces d'une livre, mais des pièces de 30 sous, 24 sous, etc.

## Mesures étrangères.

Sans entrer dans le détail (**), je signalerai les unités que l'on rencontre le plus fréquemment dans les ouvrages sur les pays étrangers ; il est bon de savoir à peu près ce que représentent les unités de longueur, de capacité, de poids et de monnaies.

**240. Longueurs.** — Les unités *anglaises* sont :

| | | | | |
|---|---|---|---|---|
| Le *yard* | qui vaut | $0^m,91$. | | |
| Le *pied* (foot) | — | $\frac{1}{3}$ du yard | ou | $0^m,304$. |
| Le *pouce* (inch) | — | $\frac{1}{12}$ du pied | ou | $0^m,025$. |
| Le *fathom* | — | 2 yards | ou | $1^m,828$. |

(*) La valeur de la livre tournois comparée à celle des autres marchandises a varié et la correspondance que nous indiquons est relative à la fin du xviiie siècle ; au xvie siècle, on estime que la livre tournois équivalait à 4 francs environ de nos jours.

(**) L'*Annuaire du bureau des longitudes* renferme des renseignements détaillés sur la comparaison des mesures étrangères et des anciennes mesures avec les mesures du système métrique.

| Le *pole* | — | $5\frac{1}{2}$ yards | ou | $5^m,029.$ |
|---|---|---|---|---|
| Le *furlong* | — | 220 yards | ou | $201^m,16.$ |
| Le *mile* | — | 1760 yards | ou | $1609^m,31.$ |

Les unités *russes* sont :

| Le *sagène* | qui vaut | $2^m,13.$ | | |
|---|---|---|---|---|
| L'*archinne* | — | $\frac{1}{3}$ de sagène | ou | $0^m,71.$ |
| La *verste* | — | 500 sagènes | ou | $1^{Km},065.$ |

**241. Mesures de capacité.** — L'unité anglaise est le *gallon*, qui vaut $4^{lit},543.$

La *pinte* (pint) équivaut au $\frac{1}{8}$ de gallon ou $0^{lit},56.$

**242. Poids.** — En *Angleterre*, on emploie deux sortes d'unités :

1° La *livre troy*, qui vaut $373^{gr},24.$

Elle se subdivise en 12 *ounces*; l'ounce se subdivise en 20 *pennyweight*, et le pennyweight en 24 *grains*.

2° La *livre avoirdupois*, qui vaut $453^{gr},59$; elle est composée de 16 *ounces*.

Le quintal vaut 112 livres avoirdupois.

La *short ton* vaut 200 livres.

La *ton* (tonne) vaut 20 quintaux.

En *Russie*, l'unité est la *livre*, qui vaut $409^{gr},5$. Parmi les multiples, signalons le *pond* qui vaut 40 livres.

En *Chine*, le *taël* vaut $37^{gr},8.$

**243. Monnaies.** — En *Allemagne*, l'unité est le *mark*, pièce d'argent, qui vaut $1^{fr},11$; elle vaut 100 *pfennigs* $(0^{fr},011).$

La *couronne*, pièce d'or, vaut 10 marks.

En *Angleterre*, le *shilling* vaut $1^{fr},16$; il est en argent. Il se subdivise en 12 *pence* (*penny* au singulier).

Les multiples sont le *florin* de 2 shillings ; la *couronne* de 5 shillings, le *souverain* ou *livre sterling* de 20 shillings ; cette pièce d'or vaut environ 25$^{fr}$,20.

En *Autriche*, l'unité est le *florin*, pièce d'argent valant 2$^{fr}$,47 ; il se divise en 100 *kreutzers*.

La pièce d'or de 8 florins vaut 20 francs.

Le *ducat* est une pièce d'or valant 11$^{fr}$,85.

En *Turquie*, la *piastre* est une pièce d'argent de 0$^{fr}$,22.

La *livre turque* de 100 piastres équivaut à 22$^{fr}$,78 ; elle est en or.

En *Russie*, le *rouble* vaut 2$^{fr}$,67 ; il se divise en 100 *kopecks* ; le *rouble or* vaut seul sa valeur nominale ; il y a une dépréciation sur le *rouble argent*.

En *Chine*, le *taël Changhaï* est une pièce d'argent valant 7$^{fr}$,43 ; la *piastre* est une pièce d'argent valant 5$^{fr}$,38.

Au *Japon*, le *yen* est une pièce d'or valant 5$^{fr}$,17 ou une pièce d'argent valant 5$^{fr}$,39 ; cette dernière se subdivise en 100 *sen*.

Aux *États-Unis*, le *dollar* argent vaut 5$^{fr}$,34 ; il se subdivise en 100 *cents* ; le *dollar* or vaut 5$^{fr}$,17.

**244.** Les valeurs des pièces ont été ici calculées en tenant compte de leur poids en or et en argent et en se basant sur la règle qui a servi à établir les poids des monnaies françaises (*), c'est-à-dire en fixant le prix du kilogramme d'or à 3 100 francs et celui du kilogramme d'argent à 200 francs ; mais nous avons vu plus haut (230) que, par suite des cours actuels, la valeur marchande de l'argent était à peu près la moitié de ce qu'elle était au début du siècle ; de telle sorte que les monnaies d'argent des pays qui ont l'étalon d'argent doivent être diminuées de moitié ; ainsi, actuellement, le taël de Changhaï vaut à peine 4$^{fr}$.

---

(*) C'est-à-dire où la valeur de l'argent est supposée invariable et sert de terme de comparaison pour établir la valeur des autres matières monnayées ou marchandes.

La correspondance entre les monnaies étrangères et les monnaies françaises varie continuellement et dépend du *change*.

## QUESTIONS

1. Quelles étaient les anciennes unités de longueur ?

2. Quelles étaient les mesures itinéraires ?

3. Qu'est-ce qu'un nœud ?

4. Comment mesure-t-on la vitesse d'un navire ?

5. Définir l'arpent, la perche de Paris.

6. Que vaut l'arpent des eaux et forêts par rapport à l'hectare ?

7. Que vaut l'arpent de Paris ?

8. Quelles étaient les anciennes mesures de bois de chauffage ?

9. Quelles étaient les mesures pour les liquides ?

10. Quelles étaient les mesures pour les grains ?

11. Combien valait un boisseau de Paris ?

12. Énoncer les unités de poids.

13. A quoi correspond la livre ?

14. Énoncer les anciennes monnaies.

15. Combien valait un louis d'or ?

16. Que vaut le yard ?

17. Que vaut la verste ?

18. Que vaut le pond ?

19. Quelles sont les valeurs :
du mark, du pfennig ?
du shilling, du penny, de la livre sterling ?
du florin d'Autriche, du kreutzer ?
de la piastre turque, de la livre turque ?
du rouble or, du kopeck ?
du taël de Changhaï, de la piastre chinoise ?
du yen, du sen ?
du dollar des États-Unis ?

## EXERCICES ORAUX

**1.** Quelles sont à peu près les longueurs de
       3 pieds,     5 pieds,    4 pieds 3 pouces ?

**2.** Combien valent en hectares :
      2 arpents de Paris,    5 arpents des eaux et forêts ?

**3.** Évaluer
     3 louis,    2 louis 4 livres,    4 louis 7 livres 12 liards.

**4.** Combien valent à 1$^{fr}$ près :
12 marks,    10 shillings,   4 livres sterling,    3 livres turques,
       5 roubles,   10 dollars ?

## EXERCICES ÉCRITS ET PROBLÈMES

**1.** Exprimer en ares la superficie de 3 arpents, 2 perches de Paris.

**2.** Un rectangle a pour longueur 215 yards et pour largeur 92 toises ; quelle est sa superficie en ares ?

**3.** Un cube a pour côté 1 toise 2 pieds ; quelle est sa capacité en boisseaux ?

**4.** Un corps a un volume de 3 pieds cubes ; quel est son poids en livres, marcs, onces, gros et grains, sa densité étant de 1,2.

**5.** Une longueur étant de 14 toises 3 pieds 10 lignes, exprimer cette longueur en mesures anglaises.

**6.** Un navire file 20 nœuds et part du Havre le 8 juillet à midi ; il relâche en route et perd ainsi 2 jours ; à quel moment sera-t-il à New-York, si le chemin parcouru entre ces villes est 6 800 kilomètres.

# CHAPITRE VII

## NOMBRES COMPLEXES

### Mesure du temps.

**245. Jour.** — La mesure du temps ne se fait pas conformément à la loi décimale ; on a conservé les règles anciennes pour mesurer le temps.

*L'unité principale est le* jour ; c'est le temps que la terre met à accomplir sa révolution autour de la ligne des pôles.

Le jour se divise en 24 *heures ;*

L'heure, en 60 *minutes ;*

La minute, en 60 *secondes.*

Un intervalle de temps formé de 3 jours, 6 heures, 18 minutes, 15 secondes sera représenté par

$$3^j\ 6^h\ 18^m\ 15^s.$$

Une durée moindre qu'une seconde est exprimée suivant la loi décimale en dixièmes, centièmes, etc.; l'intervalle de 4 minutes 2 secondes 3 dixièmes sera représenté par

$$4^m\ 2^s,3.$$

En astronomie, le jour est partagé en 24 heures ; dans la vie ordinaire, le jour est partagé en deux périodes de 12 heures chacune : l'une, le matin, allant de minuit à midi ; l'autre, le soir, allant de midi à minuit ; toutefois, on commence aujourd'hui à abandonner cette division et à compter les heures de 0 à 24 ; ainsi, au lieu de dire $2^h$ du soir on dit $14^h$.

**246. Année.** — Le jour est une unité trop courte pour les périodes de longue durée ; aussi, a-t-on pris une autre unité, l'*année*. L'*année astronomique* est le temps qui s'écoule entre deux passages consécutifs de la terre au même point de la courbe qu'elle décrit autour du soleil ; elle est de $365^j,2422$ ; comme il serait incommode de prendre des années n'ayant pas un nombre entier de jours, on a fixé l'*année civile* à 365 jours ; les Romains comptaient toutes les années de 365 jours ; il en résultait qu'au bout d'un certain temps, il n'y avait plus concordance avec l'année astronomique : les saisons, qui dépendent de la position de la terre par rapport au soleil, ne commençaient jamais à une date fixe et l'écart pouvant devenir assez grand, cela pouvait présenter quelques inconvénients.

**247. Année bissextile.** — *Jules César*, l'an 46 av. J.-C., sur les indications de l'astronome *Sosigène*, réforma le calendrier, en prescrivant que tous les 4 ans l'année compterait 366 jours ; cette année, appelée *bissextile*, compte un mois de février de 29 jours ; une année est bissextile, si son millésime est divisible par 4.

Cette correction fut faite d'après les données astronomiques de cette époque, où l'on croyait que l'année astronomique était exactement de $365^j \frac{1}{4}$ ; dans cette hypothèse, la correction ramenait la concordance entre les deux années.

**248. Réforme grégorienne.** — En réalité, l'année astronomique est plus courte de $0^j,0078$ environ, de sorte qu'au bout de 400 ans le calendrier julien est en avance de $3^j,12$ ; à la fin du xvi° siècle, la différence était de 10 jours. Pour faire disparaître cette différence, le pape *Grégoire XIII*, sur les indications de l'astronome *Lilio*, décida que le lendemain du 4 octobre 1582 serait le 15 octobre et que, à l'avenir, on supprimerait une année bissextile tous les 400 ans, en convenant de ne pas compter comme bissextiles les années dont les millésimes seraient terminés par deux zéros, à moins que le nombre qui précède les deux zéros ne fût divisible par 4 ; ainsi, 1900 n'était pas bissextile, 2 000 sera bissextile.

La réforme grégorienne, adoptée aujourd'hui dans toute l'Europe, sauf en Russie et dans les pays de religion orthodoxe, a rétabli l'accord entre l'année astronomique et l'année civile ; ce n'est qu'au bout de 4 000 ans qu'il pourra y avoir un jour d'écart.

Les Russes, ayant gardé le calendrier julien, sont actuellement en retard de 13 jours ; ainsi, la date 17 mars (nouveau style) correspond au 4 mars (ancien style).

**249. Mois.** — L'année est divisée en douze mois :

| | | | | |
|---|---|---|---|---|
| Janvier. . . | 31 jours. | Juillet. , . . . | 31 jours. |
| Février. . . | 28 ou 29 — | Août. . . . . | 31 — |
| Mars. . . . | 31 — | Septembre. . . . | 30 — |
| Avril. . . . | 30 — | Octobre. . . . . | 31 — |
| Mai. . . . | 31 — | Novembre. . . . | 30 — |
| Juin. . . . | 30 — | Décembre. . . . | 31 — |

Enfin, une période de 7 jours est une *semaine* ; elle commence le lundi et finit le dimanche.

## Mesure de la circonférence.

**250. Degrés.** — Pour mesurer un arc de circonférence, on divise cette circonférence en 360 parties égales appelées *degrés* ; chaque degré est divisé en 60 *minutes*, la minute en 60 *secondes* ; la seconde est ensuite divisée en parties décimales.

Le degré est représenté par ° placé en haut et à gauche.
La minute — par ' —
La seconde — par '

Ainsi, 3 degrés 4 minutes 17 secondes $\dfrac{5}{10}$ s'écrit

$$3° 4' 17'',5.$$

**251. Grades.** — Les angles sont évalués de la même manière ; l'angle droit, qui a 90 degrés, correspond au quart de la circonférence, que l'on appelle *quadrant*.

Depuis longtemps déjà, on s'est efforcé de faire rentrer dans le système décimal la mesure des arcs et des angles ; à cet effet, on prend pour unité le *quadrant*, que l'on divise en 100 *grades*. Le grade est lui-même divisé en 100 minutes centésimales et la minute en 100 secondes centésimales.

Le grade est représenté par ˠ placé comme le °
La minute centésimale par ' — la '
La seconde — par '' — la "

On *écrira*

$$16ˠ 27' 36''.$$

Cette notation est adoptée par le service géographique de l'armée et vient d'être introduite dans les programmes de l'enseignement secondaire ; elle se prête plus aisément au calcul que la division en degrés.

### Calcul des nombres complexes.

**252.** On appelle *nombres complexes* des nombres composés de diverses unités qui ne se déduisent pas les unes des autres suivant la loi décimale ; tels sont les nombres qui expriment les anciennes mesures, la mesure du temps, de la circonférence, etc.

**253. Problème.** — *Réduire un nombre complexe en unités de la plus petite espèce.*

Soit $3° 14' 15''$ ; commençons par réduire les degrés en minutes : $3°$ valent $60 \times 3 = 180'$ ; ces $180'$ ajoutées aux $14'$ donnent $194'$ ; réduisant ces minutes en secondes, on trouve $194 \times 60 = 11\,640''$ ; ces $11\,640''$ ajoutées aux $15''$ donnent finalement $11\,655''$ ; on dispose les opérations comme suit :

$$
\begin{array}{r}
3 \\
\times\ 60 \\
\hline
180 \\
+\ 14 \\
\hline
194 \\
\times\ 60 \\
\hline
11\,640 \\
+\ 15 \\
\hline
11\,655
\end{array}
$$

**254. Problème inverse.** — *Inversement, un nombre complexe étant évalué en unités de la plus petite espèce, calculer combien il contient d'unités de chaque espèce au plus.*

Soit $1\,181$ pouces à transformer en toises, pieds et pouces.

Un pied valant $12$ pouces, on a le nombre de pieds en divisant $1\,181$ par $12$ ; le quotient est $98$ et le reste $5$ ; il y a donc $98$ pieds et $5$ pouces.

Une toise valant $6$ pieds, je divise $98$ par $6$ ; le quotient est $16$ et le reste $2$ ; il y a donc dans $98$ pieds $16$ toises et $2$ pieds ; finalement $1\,181$ pouces valent $16$ toises $2$ pieds $5$ pouces.

On dispose l'opération comme suit :

$$
\begin{array}{r|r|r}
1\,181 & 12 & \\
101 & 98 & 6 \\
5 & 38 & 16 \\
& 2 &
\end{array}
$$

**255. Addition des nombres complexes.** — Soit à additionner les longueurs $4^{\text{toises}}\,3^{\text{pieds}}\,2^{\text{pouces}}$ et $2^{\text{toises}}\,7^{\text{pieds}}\,8^{\text{pouces}}$ ; nous avons vu que pour ajouter des objets ou des grandeurs, on pouvait les prendre dans un ordre quelconque et faire une série d'additions partielles ; j'additionne d'abord les pouces $2+8=10$ pouces ; j'additionne les pieds : $3+7=10$ pieds ; je remarque que ces 10 pieds valent 1 toise et 4 pieds ; j'aurai donc à réunir cette toise à $4+2$ toises, ce qui donne 7 toises ; on dispose ainsi l'opération :

$$
\begin{array}{ccc}
4^{\text{toises}} & 3^{\text{pieds}} & 2^{\text{pouces}} \\
2 & 7 & 8 \\
\hline
7^{\text{toises}} & 4^{\text{pieds}} & 10^{\text{pouces}}.
\end{array}
$$

**256. Soustraction des nombres complexes.** — Soit à retrancher $4°45'12'',5$ de $18°32'40''$ ; on peut retrancher successivement les différentes parties du second nombre du premier nombre ; par exemple, on pourra essayer de retrancher les secondes des secondes, les minutes des minutes, etc. Nous voyons ici que cette soustraction est impossible pour les minutes ; on prend alors un des 18° que l'on convertit en minutes et on ajoute ces 60 minutes aux 32' déjà écrites ; l'opération est alors possible.

$$
\begin{array}{r}
17°\;92'\;40'' \\
4°\;45'\;12'',5 \\
\hline
13°\;47'\;27'',5
\end{array}
$$

**257. Multiplication des nombres complexes.** — Soit à

multiplier $4^{\text{livres tournois}}\ 11^{\text{sous}}\ 2^{\text{liards}}$ par un entier 9; cela revient à multiplier chaque partie par 9 et à ajouter les résultats ; on peut faire ces réductions d'une seule fois :

$$4^{l}\ 11^{s}\ 2^{l}$$
$$9$$
$$\overline{41^{l}\ \ 3^{s}\ 2^{l}}$$

$2^{l} \times 9 = 18$, ou $4^{s} + 2^{l}$ ; je pose 2 et retiens 4 ; $11^{s} \times 9 = 99$ et 4 de retenue $103^{s}$ ; $103^{s}$ valent $5^{l} + 3^{s}$, je pose 3 et retiens 5 ; $4^{l} \times 9 = 36$ et 5, 41.

Si le multiplicateur n'est pas un entier, le plus simple est de réduire tout en unités de la plus petite espèce, puis d'effectuer l'opération dans le système décimal ; on pourra d'ailleurs revenir ensuite aux unités adoptées.

**258. Division des nombres complexes.** — Soit à diviser $14° 17' 15''$ par le nombre entier 3. Je divise 14 par 3 ; le quotient est 4 et le reste 2 ; je convertis 2° en minutes ; j'obtiens 120' qui, ajoutées à 17', donnent 137' ; je divise 137 par 3 ; le quotient est 45 et le reste 2 ; je convertis ces 2' en secondes ; j'obtiens 120'' qui, ajoutées à 15'', donnent 135'' ; le quotient de 135 par 3 est 45.

Le quotient cherché est alors $4° 45' 45''$.

Si le diviseur n'est pas entier, on réduit le nombre en unités de la plus petite espèce et on effectue l'opération dans le système décimal.

On voit, par ces exemples, combien de tels calculs sont compliqués et le grand avantage qu'il y a à adopter des unités qui suivent la loi décimale.

## QUESTIONS

1. Qu'est-ce que le jour ?

2. Quelles sont les subdivisions du jour ?

3. Définir l'année astronomique ? Quelle est sa durée ?

4. Quelle est la durée de l'année civile ordinaire ?

5. En quoi consiste la réforme julienne ?

6. Quelles sont les années bissextiles dans le calendrier julien ?

7. Quelle erreur commet-on ?

8. En quoi consiste la réforme grégorienne ?

9. De combien de jours le calendrier russe est-il en retard ?

10. A quelle époque le retard s'accroît-il d'un jour ?

11. Quelles sont les unités pour les arcs et les angles ?

12. Qu'est-ce qu'un quadrant ? un grade ?

## EXERCICES ORAUX

1. Transformer les dates suivantes (nouveau style) en dates (vieux style).

13 janvier 1900,   13 janvier 1901,   15 septembre 1895,
25 août 1901,      $1^{er}$ mars 1901,   14 mars 1902,
10 mars 1904,      18 avril 2000,     12 mars 1904.

2. Faire les opérations suivantes :

$$(12^h 45' 17'') - (6^h 22' 13''), \quad (45°12'13'') - (40°6'8''),$$
$$(12°6'3'') \times 5, \quad (2^h 8' 15'') \times 3, \quad (6^h 10' 10'') \times 6,$$
$$(18°2'30'') \times 6, \quad (3^h 12' 12'') \times 5, \quad (15°15'15'') \times 4,$$
$$(18°24'30'') : 3, \quad (24^h 48' 15'') : 3, \quad (10°25'15'') : 5.$$

## EXERCICES ÉCRITS ET PROBLÈMES

1. Décomposer en degrés, minutes, secondes, l'arc de 48 756'',5.

2. Combien y a-t-il de secondes en $10^h 15' 22''$ ?

3. Combien y a-t-il d'heures en une semaine ?

4. Dans combien d'années le calendrier russe sera-t-il en retard de 18 jours sur le nôtre ?

5. Combien y a-t-il de semaines du $1^{er}$ janvier 1800 au $1^{er}$ janvier 1900 ?

**6.** La durée d'une lunaison est $29^j 12^h 44^m 2^s,9$ ; combien y a-t-il de lunaisons en une année ?

**7.** Le 14 mars 1901 était un jeudi ; en quelle année le 14 mars sera-t-il de nouveau un jeudi ?

**8.** La longueur d'une circonférence est $4^m,75$ ; trouver à $1^{cm}$ près la longueur de l'arc de $45°17'18''$.

**9.** Réduire en quadrants et grades l'arc de $122°17'15''$.

**10.** Réduire en degrés, minutes et secondes l'arc de $53^{grades},175$.

**11.** Une année commence un mardi ; quels sont les jours qui seront comptés 53 fois, si l'année est bissextile ?

**12.** La petite aiguille d'une montre est aux $\dfrac{2}{3}$ du cadran à partir de midi ; quelle heure est-il ?

**13.** La petite aiguille d'une montre a parcouru depuis midi $14°15'25''$ ; quelle heure est-il et quel est l'arc qui sépare les deux aiguilles ?

**14.** La petite aiguille d'une montre est entre midi et une heure ; la grande aiguille est en avance sur la petite aiguille des $\dfrac{11}{48}$ du cadran ; quelle heure est-il ?

**15.** La petite aiguille d'une montre est entre $4^h$ et $5^h$ ; la grande aiguille est en retard sur la petite aiguille de $62°15'$ ; quelle heure est-il à 1 seconde près ?

# LIVRE IV

# GRANDEURS PROPORTIONNELLES

---

## CHAPITRE I

### RÈGLES DE TROIS

**259.** Une grandeur peut dépendre d'une autre grandeur ;
par exemple, la surface d'un carré dépend de la longueur
du côté ; le chemin parcouru par un train dépend du
temps pendant lequel le train est en marche ; la façon
dont une grandeur dépend d'une autre est très variable et
il est impossible d'indiquer aucun règle générale à cet égard.

Ainsi, quand une longueur devient 2, 3, ... fois plus
grande, le carré construit sur cette longueur devient 4,
9, ... fois plus grand ; le cube construit sur longueur devient 8, 27, ... fois plus grand.

L'arithmétique n'a pas à étudier comment sont liées
entre elles diverses grandeurs ; elle enseigne seulement
comment on peut calculer ces grandeurs, quand on sait
quelle est leur liaison, pourvu que cette liaison soit assez
simple ; nous allons examiner ici les cas les plus simples
qui puissent se présenter.

**260. Grandeurs directement proportionnelles. —**
*On dit que deux grandeurs sont directement proportion-*

*nelles, si l'une des grandeurs devenant 2, 3, ... fois plus grande, l'autre devient en même temps 2, 3 ... fois plus grande.*

Le prix d'une étoffe est directement proportionnel à sa longueur, en supposant que sa largeur soit toujours la même ; 1 mètre de drap valant 8 francs, 2 mètres vaudront 16 francs ; cela résulte d'une convention commerciale, que nous admettons dans les calculs arithmétiques.

Le poids d'un corps est directement proportionnel à son volume ; c'est une loi établie par la physique ; elle est d'ailleurs si peu évidente *a priori*, comme on serait porté à le croire, que si la température varie, le volume du corps change sans que son poids soit altéré ; la proportionnalité n'existe donc que sous certaines conditions, telles que l'égalité des pressions et des températures ; lorsque l'on ne spécifie rien que sur ces conditions particulières, il est sous-entendu qu'elles sont supposées remplies.

Ces exemples montrent qu'avant d'aborder un problème, il faut avoir bien soin de chercher dans l'étude des grandeurs que l'on considère quelles sont les relations qui lient ces grandeurs.

**261. Grandeurs inversement proportionnelles.** — *On dit que deux grandeurs sont inversement proportionnelles si, l'une d'elles devenant 2, 3, ... fois plus grande, l'autre devient en même temps 2, 3, ... fois plus petite.*

Le nombre d'ouvriers nécessaire pour faire un ouvrage sera inversement proportionnel au temps employé, en supposant que tous les ouvriers fassent le même travail dans le même temps.

**262.** Une grandeur A peut dépendre de plusieurs grandeurs B, C ; ainsi, la surface d'un rectangle dépend à la fois de sa longueur et de sa largeur ; si on laisse la longueur fixe, la surface variera proportionnellement à la largeur ; si la largeur est fixe, la surface variera proportionnellement à la longueur ; de même, le temps employé à faire un certain travail dépend à la fois du nombre des ouvriers et de la grandeur du travail ; si le nombre des ouvriers est fixe, le temps est proportionnel à la grandeur de l'ouvrage ; si la grandeur de l'ouvrage est fixé, le temps est inversement proportionnel au nombre des ouvriers.

On voit, par ces exemples, que si l'on considère plusieurs grandeurs, un grand nombre de cas peuvent se présenter ; nous indiquerons plus loin comment tous les problèmes relatifs à ces questions se ramènent à un même type.

**263. Règles de trois.** — Si deux quantités A et B varient proportionnellement et si l'on connaît la valeur $A_1$ de A, qui correspond à une valeur $B_1$ de B, on peut calculer la valeur de $A_2$ de A qui correspond à une valeur $B_2$ de B ; on résout un problème de *règle de trois simple et directe*.

La même question peut se présenter en supposant que la valeur A soit inversement proportionnelle à la valeur B ; on résout un problème de *règle de trois simple et inverse*.

Enfin, supposons qu'une grandeur A dépende de plusieurs grandeurs B, C, ..., proportionnelles ou inversement proportionnelles à A ; on peut se donner une valeur $A_1$ qui correspond aux valeurs $B_1$, $C_1$..., et chercher la valeur de A qui correspond aux valeurs données $B_2$, $C_2$... ; on résout un problème de règle *de trois composée.*

## Règle de trois simple.

**264. Problème I.** — *3 ouvriers font 42 mètres d'ouvrage ; combien 7 ouvriers feront-ils de mètres dans le même temps ?*

Nous *supposons* que tous les ouvriers travaillent avec la même rapidité.

3 ouvriers font 42 mètres.

1 ouvrier en fait 3 fois moins ou $\dfrac{42}{3}$ dans le même temps.

7 ouvriers feront, dans le même temps, 7 fois plus d'ouvrage qu'un seul ouvrier, ou $\dfrac{42}{3} \times 7 = 98$.

Les 7 ouvriers feront donc 98 mètres.

**Problème I.** — *15 ouvriers mettent 12 heures à faire un certain ouvrage ; combien faudra-t-il d'ouvriers pour faire cet ouvrage en 9 heures ?*

Nous *admettons* que tous les ouvriers travaillent avec la même rapidité.

Pour faire l'ouvrage en 12 heures, il faut 15 ouvriers.

Pour le faire en 1 heure, il faudra 12 fois plus d'ouvriers, ou $15 \times 12$.

Pour le faire en 9 heures, il faudra 9 fois moins d'ouvriers que pour le faire en 1 heure, ou

$$\frac{15 \times 12}{9} = 20.$$

On devra donc employer 20 ouvriers.

### Règle de trois composée.

**265. Problème I.** — *3 ouvriers font 17 mètres d'ouvrage en 4 jours ; combien 7 ouvriers feront-ils de mètres en 6 jours ?*

3 ouvriers font en 4 jours 17 mètres.

1 ouvrier fera en 4 jours 3 fois moins ou $\dfrac{17}{3}$.

7 ouvriers feront en 4 jours 7 fois plus qu'un ouvrier ou $\dfrac{17}{3} \times 7$.

7 ouvriers feront en 1 jour 4 fois moins qu'en 4 jours ou $\dfrac{17 \times 7}{3 \times 4}$.

7 ouvriers feront en 6 jours 6 fois plus qu'en 1 jour ou $\dfrac{17 \times 7 \times 6}{3 \times 4}$.

Le nombre cherché est donc

$$\frac{17 \times 7 \times 6}{3 \times 4} = \frac{17 \times 7}{2} = 59^{m},5.$$

Nous avons *admis* que tous les ouvriers travaillaient avec la même rapidité.

**Problème II.** — *Une garnison de 300 hommes a consommé en 15 jours 4 500 kilogrammes de vivres ; combien pourra-t-on nourrir d'hommes pendant 12 jours, avec 4 800 kilogrammes de vivres ?*

Avec $4\,500^{kg}$, on a nourri pendant 15 jours 300 hommes.

Avec $1^{kg}$, on en nourrira pendant 15 jours 4 500 fois moins ou $\dfrac{300}{4\,500}$.

Avec $4\,800^{kg}$, on en nourrira pendant 15 jours 4 800 fois plus ou $\dfrac{300 \times 4\,800}{4\,500}$.

En 1 jour, avec la même quantité, on nourrira 15 fois plus d'hommes qu'en 15 jours ou $\dfrac{300 \times 4\,800 \times 15}{4\,500}$.

Et en 12 jours, on pourra nourrir 12 fois moins d'hommes qu'en 1 jour ou

$$\frac{300 \times 4\,800 \times 15}{4\,500 \times 12}.$$

En simplifiant, on trouve successivement

$$\frac{300 \times 48 \times 15}{45 \times 2} = \frac{100 \times 48}{12} = 400.$$

On pourra nourrir 400 hommes.

**266. Remarque.** — Si nous reprenons le raisonnement précédent, nous voyons que dès le début, on trouve qu'avec 1 kilogramme on peut nourrir pendant 15 jours $\frac{300}{4500} = \frac{1}{15}$, ce qui n'a pas de sens ; une fraction ne pouvant s'appliquer à l'homme, il est impossible de continuer le raisonnement et d'appliquer les règles du calcul des fractions ; toutefois, on peut imaginer que des enfants soient nourris dans les mêmes conditions et que la nourriture d'un enfant soit le $\frac{1}{15}$ de celle d'un homme ; quand nous disons $\frac{1}{15}$, nous parlons d'un enfant pour lequel cette nourriture suffit ; le résultat final s'appliquera alors à un nombre d'enfants ; mais, ce nombre étant alors divisible par 15, il reviendra au même de nourrir $400 \times 15$ enfants ou 400 hommes ; ceci suffit pour justifier le raisonnement employé.

Dans un grand nombre de cas, un intermédiaire absurde se justifie de cette façon ; il est bon d'ailleurs de faire cette justification, si l'on veut bien comprendre la suite du raisonnement qui conduit au résultat.

## QUESTIONS

**1.** Citer des exemples de grandeurs qui dépendent d'une autre grandeur.

**2.** Définir des grandeurs directement proportionnelles. Exemples.

3. Définir des grandeurs inversement proportionnelles. Exemples.

4. Une grandeur peut-elle dépendre de plusieurs grandeurs ? Exemples.

5. Qu'appelle-t-on règle de trois simple directe ?

6. Qu'appelle-t-on règle de trois simple inverse ?

7. Qu'appelle-t-on règle de trois composée ?

8. Quelle difficulté peut-on rencontrer dans le raisonnement ordinaire relatif à ces problèmes et comment peut-on lever cette difficulté ?

## PROBLÈMES

1. $43^m$ de drap ont été vendus $451^{fr},50$ ; combien coûteront $65^m$ de ce même drap ?

2. Un livre renferme 152 pages contenant chacune 32 lignes ; combien ce livre aurait-il de pages si chacune avait 38 lignes ?

3. Une vis avance de $33^{mm}$ en 6 tours ; combien devra-t-on faire de tours pour l'enfoncer de $7^{cm},7$ ?

4. La tête d'une vis porte un cadran divisé en degrés, minutes, secondes ; elle avance de $4^{mm}$ en 3 tours ; de combien avance-t-elle si on fait 5 tours et si de plus on a fait tourner la vis de $42°3'15'$ ?

5. On a tissé 35 mètres de toile ayant $1^m,50$ de largeur avec un certain poids de fil ; combien en aurait-on tissé avec le même poids de fil, si la largeur eût été $2^m,10$ ?

6. Une garnison a pour 15 jours de vivres, à raison de 1 200 grammes par homme et par jour ; à combien faut-il réduire la ration pour vivre pendant 24 jours ?

7. Un minerai contient 21 % de son poids de métal ; combien faut-il traiter de minerai pour en extraire $82^{Kg},95$ ?

8. 100 degrés centigrades valent 80 degrés Réaumur ; évaluer en degrés centigrades 17 degrés Réaumur.

9. Le 0 du thermomètre centigrade est le 32 du thermomètre Fahrenheit et 180 degrés Fahrenheit valent 100 degrés centigrades ; quelle température marque le thermomètre centigrade, si le thermomètre Fahrenheit marque 74 degrés.

10. Deux vases renferment des poids égaux de mercure et d'acide

sulfurique ; le volume du second est $12^l,75$ ; quel est à $1^{mmc}$ près le volume du second, sachant que la densité du mercure est 13,6; celle de l'acide sulfurique 1,85.

**11.** Deux diamants pèsent respectivement 3 et 5 carats ; le second vaut $450^{fr}$ ; quel est le prix du premier, sachant que les prix de ces diamants sont proportionnels aux carrés de leurs poids.

**12.** On sait que l'espace parcouru par une pierre qui tombe est proportionnel au carré du nombre de secondes qui s'est écoulé depuis le commencement de la chute ; ceci posé, une pierre parcourt au bout de 3 secondes $44^m,1$ ; combien parcourt-elle au bout de 5 secondes ?

**13.** 12 ouvriers ont mis 6 jours à creuser un fossé de $24^m$ de lon. gueur, $2^m$ de largeur et $1^m,50$ de profondeur ; combien 16 ouvriers mettront-ils de temps à creuser, dans les mêmes conditions de travail, un fossé de $32^m$ de longueur, $1^m,50$ de largeur et $1^m$ de profondeur ?

**14.** 21 ouvriers ont mis 24 jours pour faire un certain ouvrage ; combien 27 ouvriers mettront-ils de temps pour faire un ouvrage qui exige 3 fois plus de travail ?

**15.** Une pièce d'étoffe ayant $45^m$ de longueur et $1^m,50$ de largeur coûte $540^{fr}$ ; quel sera le prix d'une autre pièce d'étoffe ayant $25^m$ de longueur et $1^m,20$ de largeur, si le mètre carré de cette étoffe vaut les $\frac{2}{3}$ du prix du mètre carré de la première ?

**16.** 15 enfants font en 9 jours le même ouvrage que 6 hommes en 5 jours ; trouver l'ouvrage fait par 13 hommes en 8 jours, sachant que 9 enfants ont fait $108^m$ d'ouvrage en 6 jours.

**17.** On achète 4 pièces de vin de 228 litres et on les revend avec un bénéfice de 15 % ; combien les vend-on, si 3 pièces de $130^l$ ont été achetées $195^{fr}$ ?

**18.** Le commandant d'une forteresse a 300 hommes et des vivres pour les nourrir pendant 50 jours ; il perd 20 hommes à la fin du dixième jour ; de combien doit-il réduire la ration pour tenir encore pendant 50 jours ?

**19.** Pour paver une cour qui a $18^m$ de long sur $12^m$ de large, on emploie 9 600 pavés ; combien en faut-il pour paver une cour de $24^m$ de long sur $15^m$ de large ? combien en faut-il si on laisse non pavée une allée ayant $1^m,50$ de large sur $24^m$ de long ?

# CHAPITRE II

## INTÉRÊT

**267. Définitions.** — *L'intérêt* d'une somme prêtée est la somme que l'emprunteur s'engage à payer au prêteur pendant la durée de l'emprunt. La somme prêtée est le *capital*.

Il est manifeste que les conventions faites au sujet de l'intérêt à payer peuvent être très variables et on ne peut *a priori* donner aucune règle fixe pour le calcul de l'intérêt; toutefois, dans la plupart des cas, on convient que l'intérêt est proportionnel au capital et au temps du prêt.

Le *taux* est l'intérêt d'un capital de 100 francs prêté pendant 1 an; on dit que le taux est 4 *pour* 100 (ce qui s'écrit: 4 $^o/_o$), si 100 francs rapportent 4 francs en 1 an. Autrefois, on employait l'expression *au denier douze, au denier vingt*; cela revient à dire que l'intérêt était le $\dfrac{1}{12}$ ou le $\dfrac{1}{20}$ du capital pour une année.

Enfin, on convient de considérer l'année comme formée de 360 jours et chaque mois de 30 jours (*); les Caisses d'épargne ont adopté la quinzaine pour unité de temps; l'intérêt est évalué à partir du 1$^{er}$ et du 16 de chaque mois ; ainsi, un versement effectué le 6 portera intérêt à partir du 16 du même mois ; un versement effectué le 20 portera intérêt à partir du 1$^{er}$ du mois suivant.

---

(*) Quand on compte le nombre de jours qui s'est écoulé entre deux dates, les mois sont comptés avec leurs nombres exacts de jours.

Dans tout problème d'intérêt, entrent 4 nombres : le capital, le taux, l'intérêt et le temps ; comme il y a proportionnalité entre l'intérêt et les autres quantités, tout problème consistant à trouver un de ces nombres connaissant les autres est une règle de trois.

**268. Problème I.** — *Trouver l'intérêt de* $18\,000^{fr}$ *prêtés pendant 3 ans à* $4\,°/_o$.

$$100^{fr} \text{ rapportent} \quad \text{en 1 an} \quad \text{un intérêt de } 4^{fr}.$$

$$1^{fr} \text{ rapportera} \quad \text{en 1 an} \quad — \quad \frac{4}{100}.$$

$$18\,000^{fr} \text{ rapporteront en 1 an} \quad — \quad \frac{4 \times 18\,000}{100}.$$

$$18\,000^{fr} \text{ rapporteront en 3 ans} \quad — \quad \frac{4 \times 18\,000 \times 3}{100}.$$

L'intérêt cherché est $2\,160^{fr}$.

**269. Problème II.** — *Trouver l'intérêt de* $7\,400^{fr}$ *placés pendant 5 mois 18 jours à* $4,5\,°/_o$.

Nous exprimerons le temps en jours en comptant le mois de 30 jours ; la durée du prêt est 168 jours.

$$100^{fr} \text{ rapportent} \quad \text{en 360 jours} \quad 4,5 \qquad \text{d'intérêt.}$$

$$1^{fr} \text{ rapportera} \quad \text{en 360 jours} \quad \frac{4,5}{100} \qquad —$$

$$7\,400^{fr} \text{ rapporteront en 360 jours} \quad \frac{4,5 \times 7\,400}{100} \qquad —$$

$$7\,400^{fr} \text{ rapporteront en } \quad 1 \text{ jour} \quad \frac{4,5 \times 7\,400}{100 \times 360} \qquad —$$

$$7\,400^{fr} \text{ rapporteront en } 168 \text{ jours} \quad \frac{4,5 \times 7\,400 \times 168}{100 \times 360} \qquad —$$

L'intérêt est $155^{fr},40$.

**270. Problème III.** — *A quel taux faut-il placer* $2\,600^{fr}$ *pour avoir au bout de 2 ans 17 semaines un intérêt de* $302^{fr},50$?

L'année étant de 52 semaines, le temps est ici 121 semaines ; le taux est d'autre part l'intérêt de 100$^{fr}$ en 1 an ; nous dirons donc :

2 600$^{fr}$ rapportent en 121 semaines 302$^{fr}$,50.

1$^{fr}$ rapportera en 121 semaines $\dfrac{302,50}{2\ 600}$.

100$^{fr}$ rapporteront en 121 semaines $\dfrac{302,50 \times 100}{2\ 600}$.

100$^{fr}$ rapporteront en 1 semaine $\dfrac{302,50 \times 100}{2\ 600 \times 121}$.

100$^{fr}$ rapporteront en 52 semaines $\dfrac{302,50 \times 100 \times 52}{2\ 600 \times 121}$.

Le taux est 5 %.

**271. Problème IV.** — *Quel capital faut-il placer pendant 2 ans 5 mois pour avoir 295$^{fr}$,80 d'intérêt, le taux étant 4 %?*

Le temps sera exprimé en mois ; il sera 29 mois.

Pour avoir :

4$^{fr}$ d'intérêt il faut placer pendant 12 mois 100$^{fr}$.

1$^{fr}$ — il faudra — — $\dfrac{100}{4}$.

295$^{fr}$,80 — il faudra — — $\dfrac{100 \times 295,80}{4}$.

295$^{fr}$,80 — il faudra — 1 mois $\dfrac{100 \times 295,80 \times 12}{4}$.

295$^{fr}$,80 — il faudra — 29 mois $\dfrac{100 \times 295,80 \times 12}{4 \times 29}$.

Le capital est donc 3 060$^{fr}$.

**272. Problème V.** — *Pendant combien de temps faut-il placer 4 800$^{fr}$ pour avoir un intérêt de 62$^{fr}$ au taux 5 %?*

On ne peut pas savoir à l'avance si le temps sera un nombre de mois, d'années ou de jours ; il faut donc prendre la plus petite unité de temps, qui est ici le jour.

Pour avoir 5$^{fr}$ d'intérêt, il faut placer 100$^{fr}$ pendant 360 jours.

| — | 1$^{fr}$ | — | il faudra — 100$^{fr}$ — | $\dfrac{360}{5}$ | — |
| — | 62$^{fr}$ | — | il faudra — 100$^{fr}$ — | $\dfrac{360 \times 62}{5}$ | — |
| — | 62$^{fr}$ | — | il faudra — 1$^{fr}$ — | $\dfrac{360 \times 62 \times 100}{5}$ | — |
| — | 62$^{fr}$ | — | il faudra — 4 800$^{fr}$ — | $\dfrac{360 \times 62 \times 100}{5 \times 4\,800}$ | — |

Le temps est donc 93 jours.

**273. Problème VI.** — *Pendant combien de temps faut-il placer* 600$^{fr}$ *à la Caisse d'épargne pour avoir* 5$^{fr}$,60 *d'intérêt, le taux étant* 2,50 °/₀?

L'unité de temps est ici la quinzaine et l'année est comptée comme ayant 24 quinzaines.

Pour avoir 2$^{fr}$,50 d'intérêt, il faut placer 100$^{fr}$ pendant 24 quinzaines.

| — | 1$^{fr}$ | — | — | 100$^{fr}$ — | $\dfrac{24}{2,50}$ | — |
| — | 5$^{fr}$,60 | — | — | 100$^{fr}$ — | $\dfrac{24 \times 5,60}{2,50}$ | — |
| — | 5$^{fr}$,60 | — | — | 1$^{fr}$ — | $\dfrac{24 \times 5,60 \times 100}{2,50}$ | — |

Pour avoir 5$^{fr}$,60 d'intérêt, il faut placer 600$^{fr}$ pendant un nombre de quinzaines égal à

$$\frac{24 \times 5,60 \times 100}{2,50 \times 600} = 8\,\frac{24}{25}.$$

Le problème est donc impossible; mais, si l'on place la somme pendant 4 mois, on aura un intérêt très peu inférieur à 5$^{fr}$,60 ; si on la laisse placée pendant 4 mois et une quinzaine, elle produira un intérêt très peu supérieur à 5$^{fr}$,60.

### Formules.

**274.** Les problèmes relatifs à l'intérêt se présentent

fréquemment dans la pratique; aussi, est-il commode d'avoir un moyen de les résoudre immédiatement sans recourir aux raisonnements faits précédemment; on se sert de formules dans lesquelles figurent des lettres au lieu de nombres; il suffit ensuite de remplacer ces lettres par des nombres qu'elles représentent et d'effectuer les calculs indiqués pour avoir la solution du problème.

$1^{er}$ EXEMPLE: *La surface d'un rectangle est mesurée par le produit des nombres qui mesurent sa longueur et sa largeur.*

Si l'on appelle S, *a, b* ces nombres, on écrira
$$S = a.\,b.$$

Supposons que la longueur soit $3^m$ et la largeur $2^m$; on remplacera *a* et *b* par 3 et 2, et on aura
$$S = 3 \times 2 = 6.$$

$2^e$ EXEMPLE: *Trouver l'intérêt d'une somme placée pendant un temps connu à un taux donné.*

Appelons A cette somme, *t* le temps, *r* le taux; et supposons d'abord que *t* soit un nombre d'années; nous pouvons répéter le raisonnement déjà fait, en remarquant que A, *r, t,* sont des nombres que l'on écrit autrement que dans le système décimal; cette notation ne peut rien changer au raisonnement.

100 francs rapportent *r* en 1 an,

1 franc rapporte 100 fois moins ou $\dfrac{r}{100}$,

A francs rapportent A fois plus ou $\dfrac{r \times A}{100}$.

A francs rapportent en *t* années, *t* fois plus qu'en 1 an ou
$$\dfrac{r \times A \times t}{100}.$$

Si on appelle I l'intérêt, on obtient la formule

$$(1) \qquad I = \frac{r \times A \times t}{100}.$$

Nous avons supposé que $t$ était un nombre d'années; si $t$ est un nombre de mois, on voit que l'on est conduit à la formule

$$I = \frac{r \times A \times t}{100 \times 12}.$$

Mais cette formule peut être ramenée à la première; en effet, $t$ étant un nombre de mois, le temps représenté par $t$ mois est aussi représenté par $\dfrac{t}{12}$ d'année; par suite, si on prend pour unité l'année, on pourra représenter le temps par une fraction $t'$ qui sera égale à $\dfrac{t}{12}$ et écrire

$$I = \frac{v \times A \times t'}{100}.$$

D'une façon générale, la première formule sera toujours applicable, en y remplaçant A et $r$ par les nombres qui représentent ces sommes exprimées en francs et fraction de franc et $t$ par le nombre qui représente le temps en années et fraction d'année.

Appliquons cette formule au calcul de l'intérêt de 14 000 francs à 4,5 $^{\circ}/_{\circ}$ pendant 1 an et 3 mois.

$$A = 14\,000, \qquad r = 4,5, \qquad t = 1 + \frac{3}{12} = \frac{5}{4}.$$

Nous aurons

$$I = \frac{14\,000 \times 4,5 \times \dfrac{5}{4}}{100} = 787^{\text{fr}},5.$$

**275. Applications.** — On peut de même trouver des formules qui permettent de calculer le taux, le temps et le capital; il suffit de répéter ce qui a été dit plus haut; on trouve

$$(2) \qquad A = \frac{100 \times I}{r \times t},$$

$$(3) \qquad r = \frac{100 \times I}{A \times t},$$

$$(4) \qquad t = \frac{100 \times I}{A \times r}.$$

L'avantage de l'emploi de ces formules est évident d'après ce que nous avons dit; une seule formule résume tous les problèmes du même type, qui ne diffèrent que par les nombres qui y figurent; nous verrons plus loin que l'on peut résoudre ainsi des questions compliquées, dans lesquelles un raisonnement direct serait assez difficile; nous nous bornerons ici à montrer comment on peut déduire les formules (2), (3) et (4) de la formule (1) sans recourir aux raisonnements directs qui ont servi à l'établissement de ces formules.

La formule (1) exprime que le nombre I est le quotient du produit $A \times r \times t$ par 100; il en résulte que $A \times r \times t$ est le produit de I par 100.

$$100 \times I = A \times r \times t;$$

d'après cela, A est le quotient de $100 \times I$ par le nombre $r \times t$.

$$A = \frac{100 \times I}{r \times t}.$$

De même, $r$ est le quotient de $100 \times I$ par $A \times t$.

$$r = \frac{100 \times I}{A \times t}.$$

et $t$ est le quotient de $100 \times I$ par $A \times r$.

$$t = \frac{100 \times I}{A \times r},$$

Appliquons ces formules au calcul du temps nécessaire pour que $15\,000^{\text{fr}}$ placés à $4\,^o/_o$ rapportent $750^{\text{fr}}$.

$$t = \frac{100 \times 750}{15\,000 \times 4} = \frac{5}{4} = 1 + \frac{1}{4}.$$

Le temps est égal à 1 an 3 mois.

### Rentes sur l'État.

**276. Rentes.** — Les sommes nécessaires pour assurer les différents services d'un État, armée, marine, travaux publics, etc..., sont fournies par l'*impôt*; c'est une redevance que paie chaque habitant, suivant certaines règles établies par la loi.

Dans des circonstances exceptionnelles, les ressources ordinaires peuvent devenir insuffisantes, et l'État emprunte à des particuliers les sommes dont il a besoin; on dit qu'il émet un *emprunt*.

Cet emprunt peut être fait sous deux formes :

1° L'État s'engage à payer seulement l'intérêt de la somme empruntée, sans prendre d'engagement quant à l'époque du remboursement du capital, remboursement qui peut dès lors être reculé indéfiniment; l'intérêt ainsi payé constitue la *rente perpétuelle*;

2° L'État s'engage à payer l'intérêt du capital emprunté pendant une période déterminée et à rembourser le capital à l'expiration de cette période; la dette ainsi contractée a reçu le nom de *dette amortissable*.

En France, il y a actuellement deux types de rentes : le $3\,^o/_o$ perpétuel et le $3\,^o/_o$ amortissable.


**277. Titres de rente.** — Lorsque l'État émet un emprunt, il délivre des *titres de rente* en échange des sommes versées. Ces titres sont de deux sortes, à la volonté des preneurs : *nominatifs,* s'ils mentionnent le nom de leur propriétaire ; *au porteur,* dans le cas contraire. Les numéros d'ordre des titres et, pour les titres nominatifs, les noms des rentiers, sont inscrits, au Ministère des Finances, sur des registres dont l'ensemble constitue le *Grand Livre de la Dette publique.*

Sur les titres nominatifs, la somme que doit toucher le rentier est inscrite à la plume, et un seul titre suffit à justifier du droit à une rente déterminée. Au contraire, sur les titres au porteur, tout est imprimé, et il faut, en général, la réunion de plusieurs titres pour faire le chiffre de rentes qu'on désire avoir (*). Il n'existe pas de titres comportant des fractions de francs.

**278. Échange de titres.** — Lorsqu'un rentier désire rentrer en possession du capital que représentent ses titres de rente, il les fait vendre, par l'intermédiaire obligatoire d'un *agent de change.*

Le titre de rente assure un intérêt fixe ; mais il représente un capital qui, lui, varie suivant les circonstances ou, comme l'on dit, suivant l'état du marché, que règle la loi de l'offre et de la demande. Le prix variable du titre est ce qu'on appelle le *cours* ; le capital fixe qui correspond au montant de la rente ($100^{fr}$ de capital par $3^{fr}$ de rente) est la *valeur nominale* du titre.

Lorsque le cours est exactement la valeur nominale, on dit que la rente est *au pair* ; sinon, la rente est au-dessus ou au-dessous du pair.

Ainsi, le cours de la rente 3 °/₀ étant $102^{fr}$, on achètera

---

(*) En 3 °/₀ perpétuel, la plus petite coupure est de $3^{fr}$ de rente ; mais à partir de cette somme on peut faire tous les chiffres de rente possibles par la réunion de quelques-unes des 18 coupures qui existent.

En 3 °/₀ amortissable, le plus petit titre est de $15^{fr}$ de rente, et il n'existe que 8 coupures différentes, toutes de multiples de 15.

$102^{fr}$ un titre qui représente un intérêt annuel de $3^{fr}$ ; la rente est *au-dessus du pair*.

Ajoutons d'ailleurs que l'on devra débourser une somme un peu supérieure, à cause des *fra : de courtage* (rémunération de l'agent de change) et du droit de timbre perçu par l'État. Les frais de courtage sont de un dixième pour cent du capital négocié (ce qui fait $1^{fr}$ par $1\,000^{fr}$), sans pouvoir être inférieurs à $0^{fr}50$.

Le droit de timbre est de $0^{fr},0125$ par fraction indivisible de $1\,000^{fr}$ de capital négocié (c'est-à-dire qu'il est le même pour $1\,001^{fr}$ que pour $2\,000^{fr}$) (*).

Si l'on fait vendre des titres pour en acheter d'autres avec le produit de la vente, on n'a à payer les frais de courtage que pour une seule opération, du côté où ils sont le plus élevés.

**279. Problème I.** — *Combien doit-on payer pour avoir $240^{fr}$ de rente 3 %, au cours de $101^{fr},50$ ?*

Cherchons d'abord le capital nécessaire, en négligeant les frais :

Pour avoir    $3^{fr}$ de rente, il faut $101,50$     de capital.

$$- \qquad 1^{fr} \qquad - \qquad - \quad \frac{101,50}{3} \qquad -$$

$$- \qquad 240^{fr} \qquad - \qquad - \quad \frac{101,50 \times 240}{3} \qquad -$$

Le capital nécessaire est $8\,120^{fr}$.

Le courtage est égal à $\dfrac{8\,120}{1\,000} = 8,12$.

Le droit de timbre ($8\,120^{fr}$ comptant comme $9\,000$) est de $\dfrac{9\,000 \times 0,0125}{1\,000} = 0,1125$.

---

(*) Toutes ces taxes sont plus élevées quand il s'agit de valeurs autres que les rentes françaises.

La somme totale à débourser est

$$8\,120 + 8,12 + 0,11 = 8\,128^{fr},25,$$

à laquelle il faut ajouter $0^{fr},10$ de timbre-quittance, pour le reçu délivré.

**280. Problème II.** — *Combien aura-t-on de rente 3 °/₀, si l'on dispose de 10 000 francs, le cours étant 101 ?*

1° Supposons d'abord que l'on ne tienne pas compte des frais :

$$101^{fr}\ \text{rapportent}\ 3^{fr}\ \text{de rente,}$$

$$1^{fr}\ \text{rapporte}\ \frac{3}{101}\ \text{de rente,}$$

$$10\,000^{fr}\ \text{rapportent}\ \frac{3 \times 10\,000}{101}\ \text{de rente.}$$

Nous trouvons ainsi $297^{fr}$ à 1 franc près ; comme les titres de rente sont relatifs à des nombres entiers de francs, on aura exactement $297^{fr}$ de rente, et une partie des 10 000 francs n'aura pas été employée ; 9 999 francs ont servi à l'achat de la rente et il reste 1 franc sur le capital.

2° Résolvons maintenant le problème dans l'hypothèse où l'on tient compte des frais.

Le droit de timbre, pour $10\,000^{fr}$ de capital, est de

$$0,0125 \times 10 = 0^{fr},125.$$

Le cours 101 et le courtage $\dfrac{101}{1\,000} = 0,101$ donnent lieu à un débours de $101^{fr}101$ par $3^{fr}$ de rente.

$$\text{Si}\quad 101^{fr},101\ \text{rapportent}\ 3^{fr},$$

$$1^{fr}\quad \text{rapporte}\ \frac{3}{101,101},$$

Et $10\,000^{f}$ rapportent $\dfrac{3 \times 10\,000}{101,101}$ ou $296^{fr}$ à $1^{fr}$ près.

Si l'on cherche le capital nécessaire pour produire cette rente, on trouve, en tenant compte du courtage, 9 975$^{fr}$,30, somme à laquelle il faut ajouter les 0$^{fr}$,125 négligés et les 0$^{fr}$,10 de timbre-quittance, ce qui donne 9 975$^{fr}$,55 ; il restera donc 24$^{fr}$,45 disponibles.

## QUESTIONS

**1.** Définir l'intérêt, le taux.

**2.** Comment varie l'intérêt par rapport au capital et au temps ?

**3.** Que signifie l'expression au denier 15 ?

**4.** Quelle convention fait-on pour compter le temps, s'il s'agit de jours ou de semaines ?

**5.** Qu'appelle-t-on rentes perpétuelles ?

**6.** Qu'est-ce qu'un titre de rente ?

**7.** Qu'est-ce qu'un titre nominatif ? — au porteur ?

**8.** Qu'appelle-t-on valeur nominale ? — cours ?

**9.** Par quels intermédiaires se font les échanges de titres ?

**10.** Quels sont les frais relatifs à la vente ou à l'achat des titres de rentes françaises ?

## PROBLÈMES

**1.** Calculer l'intérêt de 6 400$^{fr}$ placés à 4 % pendant 3 ans.

**2.** Calculer l'intérêt de 7 800$^{fr}$ placés à 3$^{1}/_{2}$ % pendant 7 mois.

**3.** Calculer l'intérêt de 74 840$^{fr}$ placés à 4$^{1}/_{2}$ % pendant 3 mois et 15 jours.

**4.** Calculer l'intérêt de 18 000$^{fr}$ prêtés à 3 % du 1$^{er}$ février 1896 au 1$^{er}$ août 1896.

**5.** On dépose 200$^{fr}$ à la Caisse d'épargne le 1$^{er}$ janvier 1901 ; on les retire le 4 juillet 1901 ; combien touche-t-on d'intérêt ; le taux étant 2,50 % ?

**6.** A quel taux faut-il placer 35 430$^{fr}$ pour avoir en 4 ans 4 960$^{fr}$,20 d'intérêt ?

**7.** A quel taux faut-il placer 18 000$^{fr}$ pour avoir en 17 mois 1 020$^{fr}$ d'intérêt ?

**8.** On prête une somme de 4 500$^{fr}$ du 1$^{er}$ avril au 14 octobre exclus ; quel est le taux du prêt, si l'intérêt est 98$^{fr}$ ?

**9.** Pendant combien de temps faut-il placer 1 700$^{fr}$ à 3 $^{1}/_{2}$ % pour avoir 119$^{fr}$ d'intérêt ?

**10.** Pendant combien de temps faut-il placer 14 500$^{fr}$ à 4 % pour avoir 725$^{fr}$ d'intérêt ?

**11.** Pendant combien de temps faut-il placer 15 000$^{fr}$ à 4 $^{1}/_{2}$ % pour avoir 120$^{fr}$ d'intérêt ?

**12.** Quel est le capital qui, placé à 4 %, a produit 450$^{fr}$ en 1 an 10 mois 15 jours ?

**13.** On a placé une somme à la Caisse d'épargne le 1$^{er}$ avril ; le 4 juillet, on touche 5$^{fr}$,50 d'intérêt, au taux 2,50 ; quelle somme avait-on déposée ?

**14.** Une personne a placé 25 000$^{fr}$ à 4 % et 75 000$^{fr}$ à 3 $^{1}/_{2}$ % ; à quel taux doit-elle placer la somme totale pour avoir le même intérêt que dans le premier cas ?

**15.** On achète 340$^{fr}$ de rente 3 % au cours de 101$^{fr}$,40 ; quelle somme faut-il payer : 1° sans tenir compte des frais ; 2° en tenant compte des frais ?

**16.** On dispose d'une somme de 25 000$^{fr}$ ; on veut acheter de la rente 3 % au cours de 100$^{fr}$,50 ; combien aura-t-on de rente et quelle somme sera nécessaire à l'achat de cette rente : 1° sans tenir compte des frais ; 2° en tenant compte des frais ?

**17.** Quel devrait être le cours de la rente 3 % à 0$^{fr}$,01 près pour qu'un placement rapportât 4 % sans tenir compte des frais ; quel serait le taux en tenant compte des frais pour une somme inférieure à 10 000$^{fr}$ ?

**18.** On a acheté de la rente 3 % au cours de 102$^{fr}$ ; on la revend au cours de 101$^{fr}$ ; combien perd-on sur un titre de rente de 360$^{fr}$ : 1° sans tenir compte des frais ; 2° en tenant compte des frais ?

**19.** Un marchand refuse de vendre sa marchandise à raison de 283$^{fr}$ la tonne ; 6 mois plus tard, il la vend 285$^{fr}$ la tonne ; combien a-t-il perdu par tonne, en tenant compte de l'intérêt à 4 % ?

**20.** On a vendu 306$^{fr}$ de rente 3 % pour acheter une propriété de 94 ares ; l'hectare rapporte 20 hectolitres de blé, que l'on vend 18$^{fr}$,50 l'hectolitre ; les frais de culture étant de 82$^{fr}$ par hectare, quel est le placement le plus avantageux ? On ne tiendra pas compte des frais de vente et d'achat.

# CHAPITRE III

## ESCOMPTE

**282. Billet à ordre.** — Un *effet de commerce* est un écrit par lequel une personne A doit payer, à une date déterminée, une somme inscrite sur l'effet à une autre personne B, dont le nom est mentionné sur l'effet. La date de paiement est appelée *l'échéance*.

Le *billet à ordre* porte la mention : je paierai à M. B *ou à son ordre*; il peut être transmis en paiement à une autre personne C en inscrivant au dos la mention : *Passé à l'ordre de M. C*, avec la date et la signature de B ; c'est ce qu'on appelle l'*endossement* ; C présentera alors le billet à l'échéance à A, qui devra lui remettre la somme qui y est inscrite (*).

**283. Escompte.** — Il peut arriver que le possesseur d'un billet ait besoin d'argent immédiatement pour effectuer un paiement : il peut alors endosser le billet à l'ordre de son créancier ou le porter chez un banquier qui, en échange du billet, lui remettra de l'argent ; mais, dans les deux cas, le créancier ou le banquier, ne pouvant toucher la somme inscrite qu'à une date assez éloignée, perdrait l'intérêt de l'argent qu'il donne, s'il payait la

---

(*) Le billet à ordre est établi sur feuille marquée au timbre proportionnel (0$^{fr}$,05 par 100$^{fr}$ ou fraction de 100$^{fr}$).

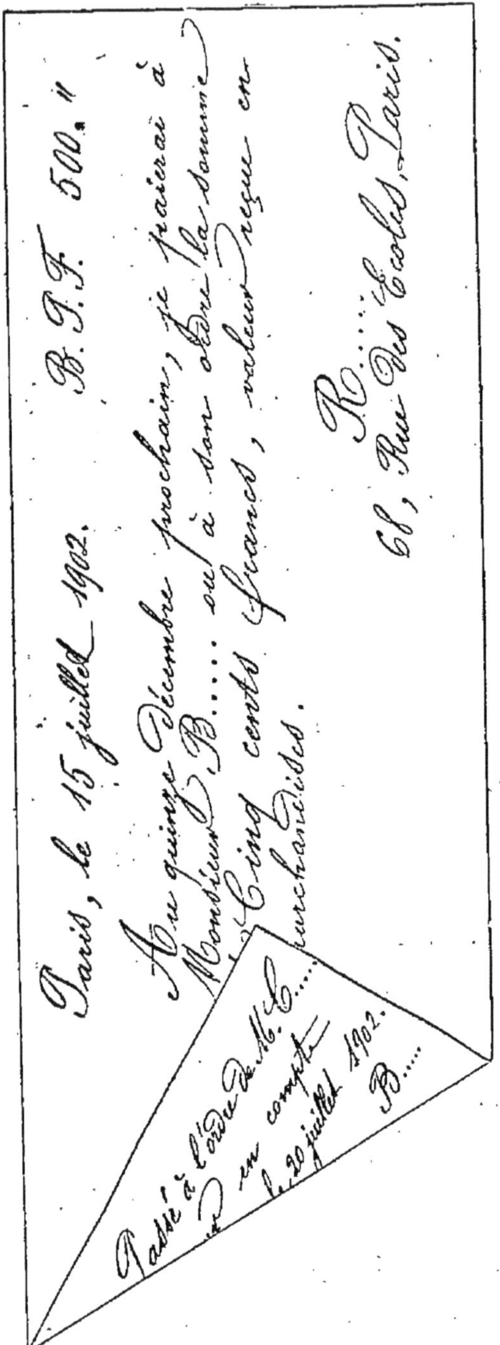


somme inscrite; aussi, fait-il une retenue qui doit représenter cet intérêt ; cette retenue est l'*escompte*.

La valeur inscrite est la valeur *nominale* ; la valeur nominale diminuée de l'escompte est la valeur *actuelle* du billet.

284. Si l'escompte représentait l'intérêt que perd le banquier, il devrait être égal à l'intérêt de la valeur actuelle ; en réalité, il est égal à l'intérêt de la valeur nominale; il n'y a d'ailleurs là rien de contraire à ce que nous avons dit : ce n'est que par une convention que l'intérêt est calculé comme on le fait d'ordinaire ; la convention relative à l'escompte est un peu différente ; il suffit qu'elle soit universellement admise pour se justifier.

Au point de vue théorique, on calcule quelquefois un

escompte appelé *escompte rationnel*, qui est l'intérêt de la valeur actuelle ; l'escompte, tel qu'il a été défini plus haut, est appelé *escompte commercial* (*) ; c'est, en réalité, le seul qui soit employé.

Ajoutons que lorsqu'on fait escompter un billet par un banquier, il prélève en outre un droit de $\frac{1}{800}$ de la *valeur nominale* et un *droit de change*, si le billet doit être payé dans une autre ville que celle où il réside.

**285.** Le taux de l'escompte est variable et dépend, non seulement de l'escompteur, mais aussi de la rareté de l'argent ; on se base, en général, sur le taux de grands établissements financiers, tels que la Banque de France.

Le temps est calculé comme pour l'intérêt, le mois étant de 30 jours et l'année de 360 jours ; néanmoins, on compte exactement le nombre de jours compris entre la date à laquelle on fait l'escompte et l'échéance ; le jour où l'on fait l'escompte n'est pas compté.

**286.** Mentionnons enfin le cas où un fournisseur vend de la marchandise payable à 30, 60 ou 90 jours ; si on paye immédiatement, il fait un escompte qui est indiqué sur ses prospectus.

Dans tous les cas, le calcul de l'escompte est un simple calcul d'intérêt.

**287. Problème.** — *Un billet de* 1 500$^{fr}$ *payable le* 15 *juillet est escompté le* 10 *mars. Calculer l'escompte à* 4 %.

Du 10 mars au 15 juillet, il s'écoule, en comptant le 15 juillet et ne comptant pas le 10 mars,

$$21 + 30 + 31 + 30 + 15 = 127 \text{ jours.}$$

---

(*) L'escompte commercial est aussi appelé *escompte en dehors* ; l'escompte rationnel, *escompte en dedans*.

L'intérêt de 1 500$^{fr}$ pendant 127 jours est

$$\frac{4 \times 1\,500 \times 127}{100 \times 360} = 21^{fr},16.$$

L'escompte est 21$^{fr}$,15.

Si le billet est transmis à un commerçant, il servira à payer une somme de

$$1\,500 - 21,15 = 1\,478^{fr},85,$$

valeur actuelle.

Si le billet est escompté par un banquier, on touchera en moins

$$\frac{1\,500}{800} = 1,875.$$

On touchera donc

$$1\,478,85 - 1,85 = 1\,477^{fr}.$$

**288.** Comme exercice, cherchons quel serait l'escompte rationnel ; nous raisonnerons ainsi :

Si 100 francs est la valeur actuelle d'un billet, sa valeur nominale est 100 francs augmentés de l'intérêt de 100$^{fr}$ à 4 °/₀ pendant 127 jours ou :

$$100 + \frac{4 \times 127}{360} = 101,4111.$$

Comme il y a proportionnalité entre l'intérêt et le capital, il y a aussi proportionnalité entre la valeur actuelle et la valeur nominale ; si $x$ est la valeur actuelle du billet de 1 500$^{fr}$, on a :

$$\frac{x}{1\,500} = \frac{100}{101,411},$$

d'où

$$x = \frac{1\,500 \times 100}{101,411} = 1479,12.$$

La valeur actuelle est 1 479$^{fr}$,10 et l'escompte

$$1\,500 - 1\,479,10 = 20^{fr},90.$$

**289. Échéance commune.** — On veut remplacer plusieurs billets dont on connaît les valeurs nominales et les échéances par un billet unique payable à une date déterminée, appelée *échéance commune*; la question qui se pose est de calculer la valeur nominale du billet.

Exemple. — *On a trois billets de 500, 800 et 900 francs payables, le premier dans 3 mois, le second dans 2 mois et le troisième dans 6 mois; on les remplace par un billet payable dans 3 mois; quelle sera sa valeur nominale? le taux est 4 %.*

L'échéance du premier billet n'étant pas modifiée, il n'y a pas lieu de changer sa valeur nominale; elle reste 500$^{fr}$.

Le second billet, que l'on conserve pendant 1 mois de plus que l'on ne devrait, rapportera pendant ce temps un intérêt égal à

$$\frac{800 \times 1 \times 4}{12 \times 100},$$

si on suppose le taux égal à 4 %.

La valeur actuelle du troisième billet au bout de trois mois est

$$900 - \frac{900 \times 3 \times 4}{12 \times 100}.$$

La valeur nominale du billet unique sera donc :

$$500 + 800 + \frac{800 \times 4}{12 \times 100} + 900 - \frac{900 \times 3 \times 4}{12 \times 100}.$$

ou

$$500 + 800 + 2,66 + 900 - 9 = 2\,193^{fr},65.$$

Nous devons remarquer que notre raisonnement n'est pas tout à fait rigoureux; en calculant l'intérêt du second billet, nous avons cherché l'intérêt de la *valeur actuelle* du billet à la fin du second mois; dans le calcul de l'escompte du troisième billet, nous avons cherché l'intérêt dè la *valeur nominale* du billet ; c'est-à-dire que dans un cas on a fait l'escompte commercial, dans l'autre l'escompte rationnel ; néanmoins, on fait le calcul comme nous l'avons indiqué pour le faciliter ; c'est une nouvelle convention relative à l'escompte.

**290. Échéance moyenne.** — On veut remplacer plusieurs billets par un seul ayant pour valeur nominale la somme des valeurs nominales des billets et dont la valeur actuelle soit la somme des valeurs actuelles des billets ; on demande quelle échéance on devra fixer pour ce billet ; c'est l'*échéance moyenne*.

Exemple. — *On a trois billets de valeurs nominales* 500, 800 *et* 900 *francs payables dans* 3, 4 *et* 5 *mois ; quelle sera l'échéance moyenne ? le taux est* $4 \,^{\circ}/_{\circ}$.

Les valeurs actuelles sont :

$$500 - \frac{4 \times 3 \times 500}{100 \times 12} = 495,$$

$$800 - \frac{4 \times 4 \times 800}{100 \times 12} = 789,35,$$

$$900 - \frac{4 \times 5 \times 900}{100 \times 12} = 885.$$

La valeur nominale du billet unique est

$$500 + 800 + 900 = 2.200,$$

La valeur actuelle est

$$495 + 789,35 + 885 = 2\,169,35.$$

L'escompte est donc (*)

$$2\,200 - 2\,169,35 = 30,65.$$

(*) On pouvait le calculer immédiatement en ajoutant les escomptes des différents billets.

Nous avons à chercher pendant combien de temps il faut placer 2 200$^{fr}$ pour avoir 30$^{fr}$,65 d'intérêt à 4 %.

Le temps cherché est :

$$\frac{360 \times 30,65 \times 100}{4 \times 2\,200} = 125 \text{ jours.}$$

Il est manifeste qu'il n'y a pas lieu de tenir compte des fractions de jour.

## QUESTIONS

**1.** Qu'est-ce qu'un billet à ordre ?

**2.** Qu'appelle-t-on échéance d'un billet ?

**3.** Qu'est-ce que l'endossement d'un billet ?

**4.** Qu'est-ce que l'escompte commercial ? — rationnel ?

**5.** Qu'appelle-t-on valeur nominale et valeur actuelle d'un billet ?

**6.** Comment compte-t-on le temps pendant lequel on calcule l'escompte ?

**7.** Qu'appelle-t-on échéance commune ? Comment la calcule-t-on ?

**8.** Qu'appelle-t-on échéance moyenne ? Comment la calcule-t-on ?

## PROBLÈMES

**1.** Calculer l'escompte à 5 % d'un billet payable dans 45 jours, la valeur nominale de ce billet étant 570$^{fr}$.

**2.** Quelle est le 14 juillet la valeur actuelle d'un billet de 1 200$^{fr}$ payable le 16 août, le taux de l'escompte étant 3 % ?

**3.** Le 14 avril, on présente à un banquier un billet de 1 800$^{fr}$ payable le 1$^{er}$ juin ; combien touchera-t-on, le taux de l'escompte étant 4 % ?

**4.** La valeur nominale d'un billet est 600$^{fr}$ ; sa valeur actuelle 45 jours avant l'échéance est 597 francs ; quel est le taux de l'escompte ?

**5.** La valeur nominale d'un billet, dont l'échéance est le 14 août, est 700$^{fr}$ ; à quelle époque la valeur actuelle sera-t-elle 697$^{fr}$,20, le taux de l'escompte étant 4 % ?

**6.** Un banquier escompte un billet de 800$^{fr}$ à 90 jours ; il donne 789$^{fr}$ ; quel est le taux et quelle est la somme qu'il retient comme prime ?

**7.** Une personne fait escompter par un banquier trois billets de 500, 600 et 800 francs payables respectivement dans 30, 60 et 90 jours ; quelle somme recevra-t-elle, le taux de l'escompte étant 4 % ?

**8.** La prime prélevée par un banquier qui escompte un billet est de 1$^{fr}$,50 ; quel est le montant du billet et sa valeur actuelle, s'il est à 30 jours d'échéance et au taux 5 % ?

**9.** Un banquier escompte un billet à 90 jours au taux 5 % ; il retient, escompte et prime comprise, 16$^{fr}$,50 ; quelle est la valeur nominale du billet ?

**10.** Un commerçant a trois billets de 400, 600 et 800 francs payables les deux premiers à 90 jours, le troisième à 60 jours ; il les remplace par un billet unique à 75 jours ; quelle en est la valeur nominale, le taux étant 4,5 % ?

**11.** Un commerçant a trois billets de 300, 600 et 1 200 francs, payables, le premier à 30 jours, le second à 60 jours, le troisième à 90 jours ; il les remplace par un billet unique à 60 jours ; quelle en sera la valeur nominale, le taux étant 4,5 % ?

**12.** On remplace trois billets de 500, 600 et 700 francs à échéance de 90 jours par un billet unique de valeur nominale 1 820$^{fr}$ ; quelle en sera l'échéance, au taux 5 % ?

**13.** On remplace trois billets de 500, 600 et 700 francs payables, le premier dans 30 jours, le second dans 45 jours, le troisième dans 90 jours par un billet unique de 1 800$^{fr}$ ; quelle en sera l'échéance, au taux 4,5 % ?

**14.** Un commerçant ne peut payer à l'échéance un billet de 600$^{fr}$ ; il a en outre un billet de 800$^{fr}$ à échéance de 30 jours ; il propose de remplacer ces deux billets par un billet unique de 1 410$^{fr}$ ; quelle en sera l'échéance ?

**15.** Un commerçant, ne pouvant payer un billet de 800$^{fr}$, propose en paiement un billet à son ordre de 900$^{fr}$ payable dans 60 jours ; le taux étant 5 %, combien son créancier devra-t-il lui rendre en échange du billet de 900$^{fr}$ ?

---

# CHAPITRE IV

## PARTAGES PROPORTIONNELS

**291.** *Partager un nombre* A *en* PARTIES PROPORTION-
NELLES *à des nombres donnés* a, b, c, *c'est trouver trois
nombres dont la somme soit* A *et dont les rapports aux
nombres* a, b, c *soient égaux ; le rapport de deux nombres
est leur quotient.*

Ainsi, le nombre 100 est partagé en parties proportionnelles aux nombres 2, 3 et 5, si ces parties sont 20,
30, 50.

**292. Problème I.** — *Partager* 3 260 *en parties proportionnelles à* 4, 7 *et* 9.

Si nous connaissions le rapport commun des parties
cherchées aux nombres 4, 7 et 9, on obtiendrait ces parties en multipliant ce rapport par 4, 7 et 9 ; il suffit donc
de chercher ce rapport.

Le nombre 3 260 sera composé de 4 fois $+$ 7 fois $+$ 9
fois ce rapport ; c'est-à-dire que 3 260 est le produit de
ce rapport par la somme $4 + 7 + 9 = 20$ ; inversement
le rapport est le quotient de 3 260 par 20 ; il est donc
égal à 163.

Les trois parties sont

$$163 \times 4 = 652, \quad 163 \times 7 = 1141, \quad 163 \times 9 = 1467.$$

Comme vérification, nous voyons que la somme
$652 + 1141 + 1467$ est bien égale à 3 260.

**293. Problème II.** — *Partager 456 en parties propor-tionnelles à* $\dfrac{4}{15}$, $\dfrac{2}{5}$ *et* $\dfrac{3}{5}$.

Nous pouvons d'abord réduire ces fractions au même dénominateur, ce qui ne change pas leurs valeurs, nous avons ainsi $\dfrac{4}{15}$, $\dfrac{6}{15}$ et $\dfrac{9}{15}$.

Les rapports des nombres cherchés aux nombres

$$\frac{4}{15}, \ \frac{6}{15} \ \text{et} \ \frac{9}{15}$$

sont tous 15 fois plus grands que les rapports aux nom-bres 4, 6, 9 ; par suite, si les premiers sont égaux entre eux, il en est de même pour les seconds.

Il suffit donc de partager 456 en parties proportionnelles aux nombres entiers 4, 6, 9 ; en appliquant le procédé déjà employé, on voit que le rapport commun est

$$\frac{456}{4+6+9} = \frac{456}{19} = 24.$$

Les nombres demandés sont

$$24 \times 4 = 96, \quad 24 \times 6 = 144, \quad 24 \times 9 = 216.$$

Règle. — *Pour partager un nombre* A *en parties pro-portionnelles à plusieurs nombres entiers, on divise le nombre* A *par la somme des autres ; on multiplie ensuite le quotient obtenu par chacun des autres nombres.*

*Si les nombres donnés ne sont pas entiers, on les réduit au même dénominateur et on partage en parties propor-tionnelles aux nouveaux numérateurs.*


**294.** *Partager un nombre en* PARTIES INVERSEMENT PROPORTIONNELLES *à des nombres donnés, c'est le partager en parties proportionnelles aux* INVERSES *de ces nombres.*

On appelle inverse d'une fraction cette fraction renversée; ainsi $\dfrac{3}{7}$ est l'inverse de $\dfrac{7}{3}$; $\dfrac{1}{4}$ est l'inverse de $\dfrac{4}{1}$ ou du nombre entier 4.

**295. Problème.** — *Partager* 126 *en parties inversement proportionnelles à* 4, $\dfrac{2}{3}$ *et* $\dfrac{5}{7}$.

Cela revient à partager 126 en parties proportionnelles à $\dfrac{1}{4}$, $\dfrac{3}{2}$ et $\dfrac{7}{5}$ ou, en réduisant au même dénominateur, à 5, 30 et 28.

Je divise 126 par la somme $5 + 30 + 28 = 63$.

Le quotient est $\dfrac{126}{63} = 2$.

Les nombres cherchés sont

$$5 \times 2 = 10, \quad 30 \times 2 = 60, \quad 28 \times 2 = 56.$$

**296. Remarque.** — Dans ces calculs, il faut avoir soin de conserver les fractions et de n'effectuer les opérations qu'à la fin ; il peut se faire, en effet, que certaines simplifications se présentent qui passeraient inaperçues en effectuant au fur et à mesure les opérations. Il y a plus; si l'on faisait les divisions indiquées, les quotients obtenus étant approchés, les résultats seraient eux-mêmes des nombres décimaux approchés, tandis qu'il peut se faire que les opérations du début combinées à celles de la fin conduisent à des résultats exacts.

Exemple : $\dfrac{2 \times 3}{15} = 0,4$.

Effectuant la division de 2 par 15, on a un quotient $0,1333\ldots$ qui ne peut être qu'approché; si on multiplie ensuite par 3, on obtient un résultat approché $0,3999\ldots$ et non pas $0,4$. Cette remarque s'applique d'ailleurs à tous les problèmes.

## Mélanges.

**297.** Dans les *règles de mélange* on se propose de calculer le prix d'une marchandise obtenue par le mélange de plusieurs marchandises dont on connaît les prix ou, inversement, de rechercher dans quelles proportions il faut mélanger des marchandises dont on connaît les prix pour obtenir un mélange à un prix donné.

**298. Problème I.** — *Un marchand a du vin à $0^{fr},45$ le litre et du vin à $0^{fr},60$ le litre; il mélange 200 litres du vin à $0^{fr},45$ à 100 litres du vin à $0^{fr},60$; quel devra être le prix du mélange, si l'on ne veut réaliser ni gain ni perte ?*

Les 200 litres à $0^{fr},45$ coûtent 90 francs.

Les 100 litres à $0^{fr},60$ coûtent 60 francs.

Le prix total est donc 150 francs.

Le nombre de litres du mélange étant $100 + 200 = 300$, le prix du litre est $\dfrac{150}{300} = 0^{fr},50$.

**299. Problème II.** — *On a du vin à $0^{fr},40$ et du vin à $0^{fr},65$; combien faut-il en prendre de chaque qualité pour obtenir 450 litres de mélange à $0^{fr},50$?*

Cherchons quel est le rapport des nombres de litres de chaque qualité;

Chaque litre de vin à $0^{fr},40$ vendu $0^{fr},50$, quand il entre dans le mélange, donne un bénéfice de $0^{fr},10$; chaque litre de vin à $0^{fr},65$ vendu $0^{fr},50$, quand il entre dans le mélange, donne une perte de $0^{fr},15$.

Il en résulte que dans un mélange formé de 15 litres à $0^{fr},40$ et de 10 litres à $0^{fr},65$, il n'y aura ni gain, ni perte; il en sera de même toutes les fois que les quantités de vin seront proportionnelles à 15 et 10.

Le problème est ainsi ramené au partage de 450 en parties proportionnelles à 15 et 10.

Le nombre de litres de vin à $0^{fr},40$ est $\dfrac{450 \times 15}{25} = 270$.

Le nombre de litres de vin à $0^{fr},65$ est $\dfrac{450 \times 10}{25} = 180$.

On prendra donc 270 litres de vin à $0^{fr},40$ et 180 litres de vin à $0^{fr},65$.

**300. Problème III.** — *Un marchand a 90 hectolitres de blé à $23^{fr}$ l'hectolitre; combien doit-il lui ajouter de blé à $21^{fr}$ l'hectolitre pour que le mélange revienne à $21^{fr},90$ l'hectolitre?*

En vendant $21^{fr},90$ l'hectolitre de blé à $23^{fr}$, on fait sur chaque hectolitre une perte de $23 - 21,90 = 1^{fr},10$.

La perte totale sur les 90 hectolitres est $1,10 \times 90 = 99^{fr}$.

Le gain réalisé en vendant $21^{fr},90$ un hectolitre à $21^{fr}$ est $0^{fr},90$.

Pour que ce gain compense la perte de $99^{fr}$, il faut prendre un nombre d'hectolitres égal au quotient de 99 par 0,9 ou 110.

### Règles d'alliage.

**301.** Nous avons défini le titre d'un alliage le nombre qui mesure en kilogrammes le poids de métal précieux qui entre dans 1 kilogramme d'alliage; en rapprochant cette définition de celle du rapport, on voit que le titre est le *rapport du poids du métal précieux au poids de l'alliage*.

Ainsi, le titre des monnaies d'or est 0,9, rapport de $\dfrac{900}{1\,000}$, 900 étant le nombre de grammes d'or qui entrent dans le lingot de 1 000 grammes.

302. Les problèmes d'alliage sont analogues aux problèmes de mélange, les alliages n'étant que des mélanges de métaux.

On se propose, étant donnés les titres de plusieurs lingots de déterminer le titre du lingot obtenu en fondant ensemble ces lingots ou, inversement, de chercher dans quelles proportions il faut allier des lingots de titres connus pour former un lingot dont on donne le titre.

303. **Problème I.** — *On fond ensemble trois lingots d'or et de cuivre ; le premier au titre de 0,9 pèse 0ᵏᵍ,35 ; le second, au titre de 0,85, pèse 0ᵏᵍ,4 ; le troisième, au titre de 0,92, pèse 0ᵏᵍ,375 ; quel est le titre du lingot ainsi formé ?*

Le poids total est

$$0^{kg},35 + 0^{kg},4 + 0^{kg},375 = 1^{kg},125.$$

Cherchons, d'autre part, le poids total d'or contenu dans le nouveau lingot ; il est la somme des poids d'or contenus dans chaque lingot composant.

Le poids d'or du 1ᵉʳ lingot est $0,35 \times 0,9 = 0,315.$
Le poids d'or du 2ᵉ — $0,4 \times 0,85 = 0,340.$
Le poids d'or du 3ᵉ — $0,375 \times 0,92 = 0,345.$

Le poids d'or du lingot final est

$$0,315 + 0,340 + 0,345 = 1^{kg}.$$

Le titre est donc

$$\frac{1}{1,125} = \frac{1\,000}{1\,125} = \frac{8}{9}.$$

304. **Problème II.** — *Combien faut-il ajouter de cuivre à un lingot de 0ᵏᵍ,81 au titre de 0,9 pour obtenir un lingot au titre de 0,75 ?*

Le poids de métal précieux du premier lingot est

$$0,81 \times 0,9 = 0,729.$$

Ce poids ne doit pas changer ; il sera donc $0^{kg},729$ dans le second lingot ; d'après la définition du titre, ce poids est égal au produit du poids inconnu du lingot par le nouveau titre $0,75$ ; inversement, le poids du lingot est le quotient de $0,729$ par $0,75$ ou

$$\frac{0,729}{0,75} = \frac{729}{750} = \frac{243}{250} = 0,972.$$

L'augmentation de poids du lingot est

$$0,972 - 0,81 = 0,162 ;$$

cette augmentation provenant uniquement du cuivre ajouté, on en conclut qu'il faut ajouter $162$ grammes de cuivre au premier lingot.

**305. Problème III.** — *Combien faut-il ajouter d'argent à un lingot de $0^{kg},3$ au titre de $0,835$ pour obtenir un lingot au titre de $0,9$ ?*

Ce problème est identique au précédent, si, au lieu de considérer le rapport du poids d'argent au poids de l'alliage, on considère le rapport du poids du cuivre au poids de l'alliage.

Dans un lingot au titre de $0,835$, le rapport du poids du cuivre au poids du lingot est $0,165$ ; le lingot primitif contient donc $0,3 \times 0,165 = 0,0495$.

Le poids du cuivre ne changeant pas, le nouveau lingot contiendra également $0^{kg},0495$ de cuivre.

Dans ce nouveau lingot au titre de $0,9$, le rapport du poids du cuivre au poids total est $0,1$ ; le poids du cuivre est le produit du poids total par $0,1$ et inversement le poids total est le quotient du poids du cuivre par $0,1$, ou

$$\frac{0,0495}{0,1} = 0,495.$$

La différence

$$0,495 - 0,3 = 0,195$$

des poids des deux lingots est le poids 195$^{gr}$ d'argent qu'il faut ajouter au lingot primitif pour former le nouveau lingot.

**306.** Nous avons vu, dans le système métrique, que la fabrication des monnaies était soumise à des règles fixes ; il en est de même pour tous les objets d'or et d'argent que fabriquent les orfèvres ; les titres autorisés sont

objets d'or. . . $\begin{cases} 1^{er} \text{ titre. . . } 0,920. \\ 2^e \text{ —. . . } 0,840. \\ 3^e \text{ —. . . } 0,750. \end{cases}$

objets d'argent. $\begin{cases} 1^{er} \text{ titre. . . } 0,950. \\ 2^e \text{ —. . . } 0,800. \end{cases}$

La tolérance est de 0,003 pour l'or, et 0,005 pour l'argent ; toutefois, pour les menus objets, elle est portée dans la pratique à 0,02.

Aucun objet d'or ou d'argent ne peut être mis en vente sans avoir été présenté à un bureau de garantie et marqué des poinçons de l'État ; notons qu'une loi de 1884 autorise la fabrication à tous les titres des objets destinés à l'exportation ; ils sont marqués d'un poinçon spécial, qui indique leur titre.

## QUESTIONS

1. Qu'est-ce qu'un problème sur les mélanges ?

2. Définir le titre d'un alliage.

3. Énoncer des problèmes sur les alliages.

4. Quels sont les titres des objets d'orfèvrerie ?

5. Quelle garantie présentent ces objets ?

## PROBLÈMES

1. On a mélangé 200 litres de vin à 0$^{fr}$,70 avec 150 litres de vin à 0$^{fr}$,55 ; quel bénéfice réalise-t-on si on vend le litre du mélange 0$^{fr}$,65 ?

**2.** On mélange 250 litres de vin à 0$^{fr}$,65 avec du vin à 0$^{fr}$,50 ; combien faut-il prendre de ce dernier pour ne réaliser ni bénéfice ni perte en revendant le litre du mélange 0$^{fr}$,55 ?

**3.** On mélange du blé à 18$^{fr}$ l'hectolitre avec du blé à 22$^{fr}$ l'hectolitre ; le prix de l'hectolitre du mélange étant 21$^{fr}$, dans quel rapport a-t-on mélangé les deux sortes de blé et combien en a-t-on pris de chaque sorte, si la différence des nombres d'hectolitres est 42 ?

**4.** Un marchand mélange 120 litres de vin à 0$^{fr}$,50 et 200 litres à 0$^{fr}$,65 ; combien faut-il ajouter d'eau pour gagner 35$^{fr}$ en revendant le litre du mélange 0$^{fr}$,60 ?

**5.** On mélange deux sortes de cafés. La première vaut 5$^{fr}$,50 le kilogramme ; la seconde vaut 6$^{fr}$,25 le kilogramme ; combien faut-il en prendre de chaque sorte pour obtenir un mélange de 60 kilogrammes valant 6$^{fr}$,10 le kilogramme ?

**6.** On mélange deux sortes de cafés à 5$^{fr}$,75 et 6$^{fr}$,50 le kilogramme. On obtient ainsi 60 kilogrammes que l'on revend 6$^{fr}$,50 le kilogramme, en réalisant un bénéfice de 30 francs. Combien a-t-on pris de chaque sorte de café ?

**7.** Un marchand a rempli une barrique de 228 litres, dans laquelle il a mis cinq fois moins d'eau que de vin. En revendant le mélange 0$^{fr}$,70 le litre, il a gagné 0$^{fr}$,10 par litre. Quel était le prix d'achat du vin qui entre dans le mélange ?

**8.** Un stère de bois de charme pèse 410 kilogrammes et coûte 21$^{fr}$ ; un stère de bois de sapin pèse 315 kilogrammes et coûte 16$^{fr}$. Le marchand fait avec ces deux bois un mélange dont le stère pèse 391 kilogrammes. Combien devra-t-il vendre le stère de ce mélange pour gagner 20 °/₀ ?

**9.** Un alliage d'or et de cuivre au titre de 0,900 pèse 1$^{Kg}$,3 ; un alliage au titre de 0,800 pèse 2$^{Kg}$,5 ; quel est le titre de l'alliage obtenu en fondant ces deux lingots ?

**10.** Un alliage d'or et de cuivre au titre de 0,950 pèse 0$^{kg}$,435 ; on lui ajoute 25 grammes de cuivre ; combien faut-il ajouter d'or pour avoir un alliage au titre de 0,92 ; on calculera à 1 milligramme près.

# LIVRE V

# NOTIONS D'ALGÈBRE

---

## CHAPITRE I

### EMPLOI DES LETTRES

**307. Lettres représentant des nombres.** — Nous avons déjà eu l'occasion de représenter des nombres par des lettres ; il faut maintenant revenir sur cette représentation pour la préciser et en montrer l'intérêt. Un nombre peut être écrit avec les signes ordinaires de l'écriture ou avec des chiffres suivant les principes de la numération ; c'est ce dernier procédé qui a été suivi jusqu'ici. On peut encore imaginer que pour simplifier l'écriture, on inscrive dans une colonne des lettres et en face les nombres qu'on leur fait correspondre ; quand on écrira une lettre, il suffira de se reporter au tableau fait à l'avance pour savoir ce que représente cette lettre ; ce tableau serait en quelque sorte un dictionnaire donnant la traduction en chiffres de la lettre considérée.

**308. Formules.** — Si l'usage des lettres était réduit à ce qui précède, elles n'apporteraient pour ainsi dire aucune simplification ; mais, si l'on a à faire une série d'opérations, toujours les mêmes, sur des nombres différents, on peut représenter tous les nombres qui jouent le même rôle par une seule lettre et indiquer clairement la suite des opérations à effectuer ; quand on voudra ensuite trouver les résultats relatifs à une série de nombres donnés, il n'y aura qu'à faire les opérations indiquées à l'aide des lettres, sans qu'il soit nécessaire de recommencer un raisonnement qui est indépendant des nombres considérés.

Nous en avons donné un exemple pour les problèmes d'intérêt ; à cause de l'importance de ce sujet, nous allons traiter de la même manière quelques problèmes.

$1^{er}$ EXEMPLE. — *Un alliage de poids P est au titre t ; combien faut-il lui ajouter de cuivre pour que le nouvel alliage soit au titre t' ?*

Le poids de métal précieux ne varie pas ; il était primitivement $P . t$ ; il sera encore $P . t$ dans le nouvel alliage.

La lettre $t'$ est alors le quotient de $P . t$ par le poids inconnu du second alliage ; c'est-à-dire que $P . t$ est le produit de ce poids inconnu par $t'$ ; inversement, le poids inconnu sera le quotient de $P . t$ par $t'$ ; nous le représenterons par

$$\frac{P . t}{t'}.$$

Le poids de cuivre à ajouter est alors la différence entre le nouveau poids et l'ancien ; nous pouvons représenter cette différence par

$$\frac{P . t}{t'} - P.$$

APPLICATION. — $P = 2^{kg}$, $t = 0,9$, $t' = 0,8$.

Nous multiplions 2 par 0,9 et nous divisons le résultat par 0,8 ; on a ainsi 2,25.

Retranchant 2, on obtient $0^{kg},25$ comme poids du cuivre qu'il faut ajouter au premier alliage.

$2^e$ EXEMPLE. — *Deux courriers vont à la rencontre l'un de l'autre ; le premier parcourt $a^{km}$, le second $b^{km}$ à l'heure ; à quel moment se rencontreront-ils, s'ils partent simultanément de deux points distants de $l^{km}$ ?*

En une heure, leur distance a diminué de $a + b$ kilomètres ; elle aura diminué de $l$ kilomètres au bout d'un nombre d'heures égal au quotient de $l$ par $a + b$ ; nous représentons ce quotient par

$$\frac{l}{a+b}.$$

APPLICATIONS. — $1^o$ $a = 5$, $b = 6$, $l = 33$.

La somme $a + b$ est 11 et le quotient est 3.
Les courriers se rencontrent au bout de 3 heures.

$2^o$ $a = 5$, $b = 4$, $l = 24$.
La somme $a + b$ est 9 ; le quotient est $\frac{24}{9}$ ou $2\,\frac{2}{3}$.

La rencontre a lieu au bout de 2 heures 40 minutes.

$3^o$ $a = 4,5$, $b = 5$, $l = 19$.
Ici, $a$ n'est pas un nombre entier ; mais, il est manifeste que le raisonnement fait plus haut suppose seulement que les longueurs $a$ et $b$ sont mesurées en prenant le kilomètre pour unité, et nullement que ces distances sont mesurées par des nombres entiers ; on peut donc appliquer les résultats trouvés ; $a + b$ est 9,5 et le quotient est 2.

L'ensemble des lettres et des signes opératoires constitue une *formule*.

Une formule résume les opérations à effectuer sur les données de toute une série de problèmes qui ne diffèrent que par les valeurs des données ; on trouve le résultat relatif à chaque problème particulier en remplaçant chaque lettre par le nombre qu'elle représente et en effectuant ensuite les opérations indiquées.

**309. Signes d'opérations.** — Il est inutile de revenir sur les signes qui servent à indiquer les opérations ; ils sont les mêmes que ceux que nous avons signalés en étudiant les différentes opérations ; pour abréger, quand nous trouverons des formules telles que

$$\frac{a+b}{l}, \quad \frac{l}{a+b}, \quad \frac{a-c}{b+d}.$$

nous les appellerons *fractions*, quoique pour certaines valeurs données aux lettres elles puissent représenter des nombres entiers.

Ceci posé, on effectuera les opérations dans l'ordre suivant :

1° On calculera les deux termes de chacune des fractions qui figurent dans la formule ; on remplacera chaque fraction par le nombre ainsi trouvé ;

2° On effectuera les calculs relatifs aux lettres placées dans des parenthèses ;

3° On effectuera les produits indiqués après avoir fait disparaître les parenthèses ;

4° On effectuera les additions et soustractions qui figurent seules après ces réductions.

1ᵉʳ EXEMPLE. — *Trouver la valeur de*

$$a - b + \frac{c-d}{a};$$

*en supposant* $a=4, \quad b=2, \quad c=6, \quad d=3.$

$$1° \qquad \frac{c-d}{a} = \frac{6-3}{4} = \frac{3}{4}.$$

$$2° \qquad a - b + \frac{3}{4} = 4 - 2 + \frac{3}{4} = 2 + \frac{3}{4}.$$

2ᵉ **Exemple.** — *Trouver la valeur de*

$$a+(b-c).2-\left(\frac{c+b}{a}+\frac{b}{c}\right)$$

*en supposant* $a=10,\qquad b=8,\qquad c=6.$

$1^{\circ}\quad \dfrac{c+b}{a}=\dfrac{8+6}{10}=\dfrac{14}{10}=\dfrac{7}{5};\ \dfrac{b}{c}=\dfrac{8}{6}=\dfrac{4}{3};$

$2^{\circ}\quad b-c=8-6=2;\ \dfrac{c+b}{a}+\dfrac{b}{c}=\dfrac{7}{5}+\dfrac{4}{3}=\dfrac{41}{15};$

$3^{\circ}\qquad\qquad\qquad (b-c).2=4\ ;$

$4^{\circ}\quad a+(b-c).2-\left(\dfrac{c+b}{a}+\dfrac{b}{c}\right)$

$$=10+4-\frac{41}{15}=11+\frac{4}{15}.$$

## Calcul algébrique.

**310. Addition.** — Supposons que deux nombres A et B soient représentés par les formules

$$A=a+b-c,$$
$$B=a'-b'+c'.$$

La somme de ces nombres s'obtiendra en effectuant les opérations

$$a+b-c\qquad \text{et}\qquad a'-b'+c'$$

et en ajoutant les résultats obtenus ; on peut aussi opérer autrement et effectuer la suite des opérations

$$a+b-c+a'-b'+c'.$$

Cela résulte de ce que nous avons établi dans la théorie de l'addition.

**Règle.** — *Pour ajouter deux expressions, on supprime les parenthèses* ; ainsi

$$(a+b)+(c-d)=a+b+c-d.$$

**311. Soustraction.** — *Pour soustraire une expression algébrique d'une autre, on l'écrit à la suite en changeant tous ses signes et on supprime les parenthèses.*

$$a + b - (c - d) = a + b - c + d.$$

Remarque. — Il peut arriver que la suite des opérations ne donne pas de résultat ; par exemple, $c$ étant plus grand que $a + b$, on ne peut retrancher $c$ de $a + b$ ; nous admettrons alors que l'*on peut, pour calculer une telle expression, commencer par faire toutes les additions et ensuite les soustractions.*

Ainsi, nous savons que la différence entre $a$ et $b - c$ s'obtient en ajoutant $c$ à $a$ et retranchant $b$ du résultat ; nous admettrons que l'on peut écrire indifféremment

$$a - b + c \qquad \text{ou} \qquad a + c - b.$$

**312. Simplification.** — Il peut arriver que les expressions que l'on ajoute soient formées à l'aide de nombres dont quelques-uns sont égaux ; on peut alors simplifier les résultats.

La somme

$$(a + b - c) + (a - b - c)$$

est la même chose que

$$a + b - c + a - b - c.$$

Faisons les additions

$$a + a + b = 2a + b.$$

Pour faire les soustractions, nous pouvons d'abord retrancher $b$, ce qui donne

$$2a,$$

puis retrancher deux fois $c$, de telle sorte que la somme considérée est

$$2a - 2c.$$

Il sera donc plus simple de se servir de cette dernière

formule dans les calculs, plutôt que de calculer séparément les valeurs

$$a + b - c \quad \text{et} \quad a - b - c.$$

**343. Multiplication.** — Si l'on se reporte à ce qui a été dit sur la multiplication des sommes, on voit que *pour faire le produit d'une expression formée de lettres séparées par les signes d'addition ou de soustraction, par un nombre, il suffit de remplacer chaque terme de l'expression par son produit par le nombre.*

Ainsi,

$$(7 + 4 - 3) \times 2 = 7 \times 2 + 4 \times 2 - 3 \times 2$$

et si, au lieu des nombres, on met des lettres, on a

$$(a + b - c) \cdot d = a \cdot d + b \cdot d - c \cdot d.$$

Il est facile d'étendre ce résultat au cas où dans l'expression les lettres ne figurent pas isolément, en appliquant les règles relatives aux exposants ; il suffira de donner quelques exemples.

$1^{er}$ Exemple. — *Transformer le produit*

$$(x^2 - 3x + 2) \times 4.$$

On a immédiatement

$$4x^2 - 3 \times 4x + 2 \times 4.$$

Mais, si l'on observe que l'on peut effectuer le produit $3 \times 4$, on obtient finalement

$$4x^2 - 12x + 8$$

$2^e$ Exemple. — *Transformer le produit*

$$(3x + 2) \times x^2.$$

Ce produit est égal à

$$3x \cdot x^2 + 2x^2,$$

ou

$$3x^3 + 2x^2.$$

$3^e$ **Exemple.** — *Transformer le produit*

$$\left(x + \frac{2}{x}\right) \times x^3.$$

Ce produit est égal à

$$x \cdot x^3 + \frac{2}{x} \cdot x^3,$$

ou

$$x^4 + \frac{2x^3}{x} = x^4 + 2x^2.$$

**314. Division.** — Il peut arriver que tous les termes d'une expression contiennent un même facteur ; *on obtiendra le quotient de cette expression par le facteur en le supprimant dans tous les termes.*

**Exemple.** — Le quotient de $x^4 + 2x^3 + x$ par $x$ est

$$x^3 + 2x^2 + 1.$$

## EXERCICES

1. Effectuer les opérations suivantes :

$$(a + b + c) + (2a - b),$$
$$(3a - 2b + 5c) + (a + 3b - c),$$
$$(a - 2b + 3c - 5d) + (2a + 2c + 5d),$$
$$\left(\frac{a}{2} + b\right) + \left(3a - \frac{b}{2}\right) - \left(\frac{2}{5}a + \frac{b}{3}\right).$$

*Application* : $a = 100$, $b = 10$, $c = 1$, $d = 2$.

2. Effectuer les opérations suivantes :

$$(a + 2b + c) - (a + b),$$
$$(3a - b + 2c) - (a + b - 2c).$$

*Application* : $a = 20$, $b = 2$, $c = 1$.

3. Effectuer les opérations suivantes :

$$(a + b - c) + (2a - b) + 3c,$$
$$(2a - b + c) - (a + b) - (c - a),$$
$$(3a + b) + (5a - 2b) - (2a - c),$$
$$\left(\frac{2a}{3} - b\right) - \left(\frac{a}{5} - \frac{c}{6}\right) + \left(a - \frac{b}{2}\right).$$

*Application* : $a = 10$, $b = 2$, $c = 12$.

**4.** Effectuer les opérations suivantes :

$$(x^3 - 2x^2 + 1) + (x^2 - 1),$$
$$(x^4 - x^2 + 3x) - (x^3 + 2x - 1),$$
$$(x^2 - x + 1) + (x^3 + x^2 + x) - (x + 3).$$

*Application* : $x = 2$, $x = 10$.

**5.** Effectuer les opérations suivantes :

$$(x^3 + x + 2) \cdot 3, \qquad (x^3 - 2x + 1) \cdot 6,$$
$$(x + 7) \cdot x^2, \qquad (x^3 - 2x) \cdot 3x^3,$$
$$\frac{x^3 + x^2 - x}{x}, \qquad \frac{6x^5 + 2x^2}{2x}.$$

# CHAPITRE II

## PROBLÈMES A UNE INCONNUE

**315.** Dans un problème, on donne les valeurs de certaines quantités et on demande d'en déduire les valeurs correspondantes d'autres quantités ; les premières sont les *données* du problème, les autres, les *inconnues*. Nous nous occuperons d'abord du cas où il n'y a qu'une inconnue.

Dans un problème d'intérêt, on peut se donner le capital, le taux, le temps ; l'inconnue est l'intérêt ; si on se donne le taux, le temps et l'intérêt, l'inconnue est le capital.

Dans un problème d'alliage, on peut se donner le poids total et le titre, l'inconnue sera alors le poids du métal précieux.

Nous allons reprendre quelques-uns des problèmes traités plus haut, et montrer que l'emploi des lettres pour représenter les inconnues permet de résoudre très simplement ces problèmes ; nous indiquerons ensuite la marche générale à suivre pour résoudre les problèmes par cette méthode.


**316. Problème I.** — *Un père a 42 ans, son fils a 16 ans ; dans combien de temps l'âge du père sera-t-il le double de l'âge du fils ?*

Désignons par $x$ le temps cherché ; au bout de ce

temps, l'âge du père sera $42+x$, celui du fils sera $16+x$, et entre ces nombres, on aura la relation

$$42+x = 2.(16+x),$$

ou

$$42+x = 32+2x.$$

Si on retranche 32 de ces deux nombres égaux, on a deux nouveaux nombres égaux

$$10+x = 2x.$$

Si on retranche $x$ de ces nombres, on a

$$10 = x.$$

Ainsi, si le nombre $x$ existe, il est égal à 10 ; mais, comme rien ne prouve qu'il existe, il y a lieu de vérifier que 10 est bien un nombre répondant à la question.

VÉRIFICATION : Dans 10 ans, le père aura 52 ans et le fils 26 ans ; et 52 est bien le double de 26.

**317. Problème II.** — *Une somme d'argent est formée de 40 pièces, les unes de 2 francs, les autres de 5 francs ; cette somme étant égale à 164 francs ; combien y a-t-il de pièces de 5 francs ?*

Désignons par $x$ le nombre des pièces de 5 francs ; le nombre des pièces de 2 francs sera $40-x$.

La somme représentée par les pièces de 5 francs sera égale à

$$5x.$$

La somme représentée par les pièces de 2 francs sera égale à

$$(40-x)2 \quad \text{ou} \quad 80-2x.$$

La somme totale sera, d'une part, $164^{\text{fr}}$, d'autre part,

$$5x+80-2x \quad \text{ou} \quad 3x+80.$$

On devra donc vérifier la relation

$$3x+80 = 164,$$

ou, en retranchant des deux côtés 80,

$$3x = 84 ;$$

$x$ est le tiers de 84 ou 28.

VÉRIFICATION : Les 28 pièces de 5 francs valent 140 francs; il y a, en outre, $40 - 28 = 12$ pièces de 2 francs, valant 24 francs ; la somme totale est donc bien 164 francs.

**318. Problème III.** — *Trouver un nombre dont le $\frac{1}{3}$ augmenté des $\frac{5}{6}$ surpasse de 20 la moitié de ce nombre.*

Désignons ce nombre par $x$ et écrivons qu'il vérifie la condition donnée

$$\frac{x}{3} + \frac{5x}{6} = \frac{x}{2} + 20.$$

Si l'on réduit tout au dénominateur 6, on obtient

$$\frac{2x}{6} + \frac{5x}{6} = \frac{3x}{6} + 20.$$

Multiplions ces nombres égaux par 6, on a de nouveau des nombres égaux

$$2x + 5x = 3x + 120;$$

ou, en retranchant $3x$ de chaque côté,

$$4x = 120.$$

Le nombre $x$ est, s'il existe, le $\frac{1}{4}$ de 120 ou 30.

VÉRIFICATION : Le $\frac{1}{3}$ de 30 est 10, les $\frac{5}{6}$ sont 25, la somme du $\frac{1}{3}$ et des $\frac{5}{6}$ est donc égale à 35 ; d'autre part, la moitié de 30 est 15, qui est inférieure à 35 de 20 unités.

**319.** Les exemples qui précèdent suffisent pour montrer comment on procède dans tous les cas.

1° *On désigne l'inconnue par une lettre* $x$. *On indique les opérations qu'il y aurait lieu d'effectuer pour vérifier que le nombre cherché, s'il était connu, satisfait à l'énoncé; on trouve ainsi deux séries d'opérations qui doivent conduire au même résultat.*

*En écrivant que ces séries d'opérations donnent le même nombre, on forme une* ÉQUATION.

2° *Pour trouver le nombre inconnu, on* RÉSOUT L'ÉQUATION; *à cet effet, on commence par réduire toutes les fractions au même dénominateur, puis on multiplie tous les termes par ce dénominateur commun.*

*On retranche des deux membres de l'équation ou on leur ajoute des termes de façon que tous les termes qui contiennent l'inconnue soient d'un côté et tous les termes qui ne contiennent pas l'inconnue soient de l'autre.*

*Ces termes étant alors réunis en un seul, le nombre* $x$ *doit vérifier une équation*

$$ax = b$$

$x$ *est donc le quotient de* $b$ *par* $a$.

VÉRIFICATION : On obtient de cette façon un nombre qui, d'après le raisonnement, peut seul répondre à l'énoncé ; mais rien ne prouve qu'il y réponde effectivement, puisque toutes les opérations effectuées supposent l'existence d'une solution, qui n'a pas été établie ; il y a lieu de vérifier directement que ce nombre répond à l'énoncé du problème.

320. EXEMPLE. — *On place* 18 000 *francs à* 3°/₀; 2 *mois plus tard, on place* 15 000 *francs à* 4°/₀; *au bout de combien de temps les intérêts produits par ces deux capitaux auront-ils même valeur ?*

Désignons par $x$ ce temps exprimé en mois.

L'intérêt du premier capital est $\dfrac{18\,000 \times 3 \times (x + 2)}{100 \times 12}$.

L'intérêt du second capital est $\dfrac{15\,000 \times 4 \times x}{100 \times 12}$.

On aura donc à vérifier l'égalité

$$\frac{18\,000 \times 3 \times (x + 2)}{100 \times 12} = \frac{15\,000 \times 4 \times x}{100 \times 12},$$

ou, en multipliant par $100 \times 12$,

$$18\,000 \times 3 \times (x + 2) = 15\,000 \times 4 \times x,$$

On peut simplifier en divisant par $1\,000$ et par $6$

$$9x + 18 = 10x,$$

ou, en retranchant $9x$,

$$18 = x.$$

Vérification : Dans $18$ mois, le second capital aura rapporté $\dfrac{15\,000 \times 4 \times 18}{100 \times 12} = 900^{\text{fr}}$ ; le premier capital aura été placé pendant $20$ mois et aura rapporté $\dfrac{18\,000 \times 3 \times 20}{100 \times 12} = 900^{\text{fr}}$.

## EXERCICES ET PROBLÈMES

**1.** Trouver un nombre dont les $\dfrac{2}{5}$ augmentés des $\dfrac{3}{7}$ égalent la moitié augmentée de $23$.

**2.** Quel nombre faut-il ajouter aux deux termes de la fraction $\dfrac{3}{5}$ pour obtenir une fraction égale à $\dfrac{4}{5}$ ?

**3.** Quel nombre faut-il retrancher des deux termes de la fraction $\dfrac{7}{11}$ pour obtenir une fraction égale à $\dfrac{1}{2}$ ?

**4.** Diophante passa $\dfrac{1}{6}$ de sa vie dans la jeunesse, $\dfrac{1}{12}$ dans l'adolescence ; ensuite il se maria et passa dans cette union $\dfrac{1}{7}$ de sa vie plus 5 ans avant d'avoir un fils auquel il survécut de 4 ans et qui n'atteignit que la moitié de l'âge auquel son père est parvenu. Combien d'années Diophante a-t-il vécu ?

**5.** Un capitaliste place $\frac{2}{3}$ de sa fortune à 4 % et le reste à 3 % ; il touche chaque année 4 400 francs d'intérêts ; quelle est sa fortune ?

**6.** Un capitaliste place 40 000 francs à un taux inconnu ; il place en même temps 50 000 francs à un taux qui est les $\frac{7}{8}$ du précédent ; il touche annuellement un intérêt de 3 350 francs ; quel est le premier taux ?

**7.** Un certain capital est placé pendant 4 ans à 3 %, sans que les intérêts produits portent eux-mêmes intérêt ; on retire au bout des 4 années, capital et intérêts compris, une somme de 92 960 francs ; quel est le capital placé ?

**8.** La valeur actuelle d'un billet payable dans 3 mois est 1 230$^{fr}$,70 ; quelle est la valeur nominale du billet, le taux de l'escompte étant 3 % ?

**9.** Deux billets dont l'un est double de l'autre sont escomptés à 4 % ; le premier est à échéance de 30 jours, le second à échéance de 45 jours ; quelles sont les valeurs nominales de ces billets, si l'escompte total est de 2$^{fr}$,80 ?

**10.** On a 3 hectolitres de vin à 115$^{fr}$ l'hectolitre ; combien faut-il y ajouter de vin à 163$^{fr}$ l'hectolitre pour que l'hectolitre du mélange revienne à 145$^{fr}$ l'hectolitre ?

**11.** On mélange 4 hectolitres de vin à 75$^{fr}$ l'hectolitre et 5 hectolitres à 82$^{fr}$ l'hectolitre ; combien faut-il ajouter à ce mélange d'hectolitres de vin à 65$^{fr}$ pour que l'hectolitre du mélange total revienne à 70$^{fr}$ ?

**12.** On mélange 325 litres de vin à 0$^{fr}$,60 et 215 litres à 0$^{fr}$,50 ; combien faut-il ajouter de vin à 0$^{fr}$,55 pour réaliser un bénéfice de 111$^{fr}$,50 en vendant le vin à raison de 0$^{fr}$,70 ?

**13.** Combien faut-il fondre de grammes d'un alliage d'argent au titre de 0,915 avec 180 grammes au titre de 0,800 pour obtenir un alliage au titre de 0,900 ?

**14.** On a un lingot d'or pesant 250$^{gr}$ et au titre de 0,750 ; combien faut-il ajouter d'or pur pour obtenir un alliage au titre de 0,900 ?

**15.** Les deux aiguilles d'une montre sont sur midi ; à quelle heure se rencontreront-elles de nouveau ?

**16.** Une somme formée de pièces de 5 francs en argent est portée à la Monnaie et avec l'argent qu'elle contenait on fabrique de la monnaie divisionnaire ; la nouvelle somme obtenue surpasse la première de 65$^{fr}$ ; quelle était la somme primitive ?

**17.** Trois pièces d'étoffe valent, la première $4^{fr}$ le mètre, la seconde $3^{fr},50$ le mètre et la troisième $4^{fr},20$ le mètre ; la longueur de la première surpasse celle de la seconde de $8^m$ ; la longueur de la troisième est double de celle de la seconde ; quelles sont les longueurs de ces pièces d'étoffe, si le prix total est $350^{fr}$ ?

**18.** Un rectangle a pour largeur $4^m$ ; quelle est sa longueur, sachant que si l'on augmente sa largeur de $0^m,75$, on augmente la surface de $10^{mq},50$ ; quelle était la surface primitive ?

**19.** Deux des dimensions d'un parallélépipède rectangle sont $3^m$ et $4^m$ ; trouver la troisième dimension, sachant que si l'on augmente la première de $0^m,5$ et que l'on diminue la seconde de $1^m$, le volume varie de $3^{mc}$.

**20.** Même question, en supposant que si l'on augmente les deux premières dimensions de $0^m,75$, la surface totale augmente de $17^{mq},4375$.

**21.** Le rayon de base d'un cylindre circulaire est $2^m$ ; trouver la hauteur sachant que si l'on diminue le rayon de $0^m,25$, le volume diminue de $10^{mc}$ ; on calculera la hauteur à $0^m,01$ près.

**22.** Partager $49^{fr},50$ entre 4 hommes, 2 femmes et 3 enfants, de manière que chaque femme reçoive le double de la part d'un enfant et que chaque homme reçoive le triple de la part d'une femme diminué de $7^{fr}$.

**23.** Trouver un nombre tel qu'en ajoutant 5 à sa moitié et en divisant le résultat par 2, on obtienne le $\dfrac{1}{7}$ du nombre augmenté de 2,5.

# CHAPITRE III

## PROBLÈMES A PLUSIEURS INCONNUES

**321.** Dans l'énoncé d'un problème, peuvent figurer plusieurs quantités inconnues ; les conditions imposées à ces quantités sont alors en nombre égal à celui des inconnues, et la question se résout comme dans le cas des problèmes à une inconnue ; les calculs sont simplement un peu plus compliqués, mais le procédé reste le même ; quand on a formé des équations où figurent les inconnues, on cherche à en déduire d'autres équations ne renfermant qu'une inconnue.

Quelques exemples simples feront saisir la manière de procéder.

**322. Problème I.** — *Trouver deux nombres dont la somme soit 48 et la différence 8.*

Il y a ici deux inconnues, reliées par deux relations, puisque l'on donne, d'une part, la somme et, d'autre part, la différence.

Désignons par $x$ le plus grand des nombres et $y$ l'autre, en supposant que ces nombres existent.

Écrivons que la somme est 48 :

$$x + y = 48$$

et la différence 8 :

$$x - y = 8.$$

Nous avons ainsi les deux équations

$$x + y = 48,$$
$$x - y = 8.$$

Si l'on ajoute $x + y$ et $x - y$, on doit trouver le même résultat qu'en ajoutant 48 et 8 ; or, la somme de $x + y$ et $x - y$ est égale à $2x$ ; on a

$$2x = 56,$$
$$x = 28$$

d'où $y$ est alors la différence entre 48 et 28, c'est 20.

Vérification : $28 + 20 = 48$,      $28 - 20 = 8$.

**323. Problème II.** — *On a acheté $9^m$ de drap et $6^m$ de toile pour $81^{fr}$ ; on a acheté une autre fois $14^m$ de drap et $6^m$ de toile pour $121^{fr}$ ; quel est le prix du mètre de drap et quel est le prix du mètre de toile ?*

Désignons par $x$ le prix du mètre de drap et par $y$ le prix du mètre de toile.

Le prix de 9 mètres de drap sera $9x$.

Le prix de 6 mètres de toile sera $6y$.

Relativement au premier achat, on devrait vérifier l'égalité

$$9x + 6y = 81.$$

On voit de même que la condition fournie par le second achat conduit à la relation

$$14x + 6y = 121.$$

Les nombres $14x + 6y$ et $9x + 6y$ respectivemen égaux à 121 et 81 ont alors même différence que ces der-[t] niers, c'est-à-dire 40 ; or, pour retrancher $9x + 6y$ de $14x + 6y$, on peut d'abord retrancher $6y$ et ensuite $9x$, on a finalement

$$5x = 40,$$
$$x = 8.$$

La première équation devient

$$9.8 + 6y = 81,$$
$$72 + 6y = 81,$$

ou, en retranchant 72 des deux membres,

$$6y = 9,$$
$$y = 1,5.$$

VÉRIFICATION: $9^m$ de drap coûtent $72^{fr}$; $6^m$ de toile coûtent $9^{fr}$; le prix du premier achat est $72 + 9 = 81$. $14^m$ de drap coûtent $14 \times 8 = 112$; en ajoutant 9, prix de la toile, on trouve bien 121.

REMARQUE. — Dans ces deux problèmes, on a trouvé facilement une équation dans laquelle ne figure qu'une inconnue; cela tient à ce que, dans les deux équations de chaque problème, une des inconnues était toujours multipliée par le même nombre; en faisant la soustraction, cette inconnue disparaît.

Il n'en est pas toujours ainsi; mais on peut alors multiplier tous les termes d'une équation par un nombre convenablement choisi de façon à être dans le cas précédent; c'est ce que nous allons montrer dans les exemples qui suivent.

**324. Problème III.** — *Combien faut-il mélanger d'hectolitres de grains à $18^{fr}$ et d'hectolitres à $22^{fr}$ pour avoir 56 hectolitres à $21^{fr}$?*

Désignons par $x$ le nombre d'hectolitres à $18^{fr}$ et par $y$ le nombre d'hectolitres à $21^{fr}$.

Le nombre total d'hectolitres étant 56, on aura

$$x + y = 56.$$

Écrivons maintenant que le prix total du mélange est égal à la somme des prix des deux espèces de grains.

Chaque hectolitre du mélange valant $21^{fr}$, le prix total est

$$21 \times 56 = 1176.$$

Le prix du grain de la première espèce est $18x$.

Le prix du grain de la seconde espèce est $22y$; le prix total sera $18x + 22y$, et on doit avoir

$$18x + 22y = 1\,176.$$

Les deux équations sont

$$18x + 22y = 1\,176,$$
$$x + y = 56.$$

Les nombres $x + y$ et 56 sont égaux; leurs produits par 18 sont aussi égaux et on peut écrire

$$18x + 18y = 56 \times 18 = 1\,008;$$

nous pouvons alors retrancher $18x + 18y$ de $18x + 22y$, d'une part, et 1 008 de 1 176, d'autre part; les deux résultats seront égaux, ce qui donne

$$4y = 168,$$
$$y = 42.$$

$x$ est alors la différence entre 56 et 42 ou 14.

VÉRIFICATION : La somme $42 + 14$ est égale à 56.

Le prix des hectolitres à $18^{fr}$ est $18 \times 14 = 252$.

Le prix des hectolitres à $22^{fr}$ est $22 \times 42 = 924$.

Le prix total est $252 + 924 = 1\,176$.

D'autre part, le prix des 56 hectolitres à $21^{fr}$ est également $1\,176^{fr}$.

325. **Problème IV.** — *Combien faut-il fondre de grammes d'un alliage au titre de 0,9 et de grammes d'un alliage au titre de 0,835 pour former un alliage au titre de 0,850 et pesant $1^{Kg},95$.*

Désignons par $x$ le poids du premier alliage et par $y$ le poids du second alliage exprimés en grammes; nous avons à écrire que le poids total est $1\,950^{gr}$ et que le titre est 0,850, ce qui donne deux conditions; la première s'exprime par la relation

$$x + y = 1\,950.$$

Cherchons comment s'exprime la seconde condition.

Le poids de métal précieux du premier alliage est $0,9x$; celui du métal précieux du second alliage est $0,835y$; l'alliage final contient donc un poids de métal précieux représenté par

$$0,9x + 0,835y.$$

Le titre est donc, d'une part, $\dfrac{0,9x + 0,835y}{1\,950}$, et d'autre part, $0,850$; ce qui donne

$$\frac{0,9x + 0,835y}{1\,950} = 0,85,$$

ou, en multipliant tous les termes par $1\,950$,

$$0,9x + 0,835y = 1\,657,5.$$

Nous avons ainsi les deux équations

$$(1) \qquad x + y = 1\,950,$$
$$(2) \qquad 0,9x + 0,835y = 1\,657,5.$$

On peut multiplier tous les termes de la première par $0,9$:

$$(3) \qquad 0,9x + 0,9y = 1\,755.$$

Si l'on retranche les équations $(3)$ et $(2)$ membre à membre, on obtient la nouvelle relation

$$0,065\,y = 97,5,$$

$$y = \frac{97,5}{0,065} = 1\,500,$$

et $x$ est alors la différence $450$ entre $1\,950$ et $1\,500$.

Vérification: Le poids total $450 + 1\,500$ est $1\,950$.
Le poids de métal précieux est

$$450 \times 0,9 + 1\,500 \times 0,835,$$

ou $1\,657,5$; le titre est alors $\dfrac{1\,657,5}{1\,950} = 0,850.$

**326. Problème V.** — *Une personne place une partie*

*de sa fortune à 4 %, et le reste à 3 %; elle a ainsi 2 550^fr d'intérêt annuel. Si la somme placée à 4 % l'était à 3 %, et inversement, l'intérêt annuel serait de 2 700^fr. Quelles sont les deux parties de la fortune?*

Désignons par $x$ la somme primitivement placée à 4 % et par $y$ l'autre somme.

Dans la première hypothèse, l'intérêt de la somme $x$ est $\dfrac{4x}{100}$; l'intérêt de la somme $y$ est $\dfrac{3y}{100}$; l'intérêt total étant 2 550, on doit vérifier la relation

$$\frac{4x}{100} + \frac{3y}{100} = 2\,550.$$

Dans la seconde hypothèse, l'intérêt de la somme $x$ est $\dfrac{3x}{100}$ et l'intérêt de la somme $y$ est $\dfrac{4y}{100}$, ce qui donne

$$\frac{3x}{100} + \frac{4y}{100} = 2\,700.$$

Nous avons ainsi deux équations, dont on peut multiplier tous les termes par 100 :

$$4x + 3y = 255\,000,$$
$$3x + 4y = 270\,000.$$

Pour en déduire une relation où ne figure pas $y$, nous multiplierons tous les termes de la première par 4, tous ceux de la seconde par 3 :

$$16x + 12y = 1\,020\,000,$$
$$9x + 12y = \phantom{0}810\,000.$$

On peut alors retrancher pour faire disparaître $y$ :

$$7x = 210\,000,$$
$$x = \phantom{00}30\,000.$$

Cherchons maintenant $y$; il suffit de remplacer $x$ par 30 000 dans une des équations :

$$3 \times 30\,000 + 4y = 270\,000,$$

d'où

$$4y = 180\,000,$$

et

$$y = 45\,000.$$

Vérification : Dans la première hypothèse, l'intérêt total est

$$\frac{4 \times 30\,000}{100} + \frac{3 \times 45\,000}{100} = 1\,200 + 1\,350 = 2\,550.$$

Dans la seconde hypothèse l'intérêt total est

$$\frac{3 \times 30\,000}{100} + \frac{4 \times 45\,000}{100} = 900 + 1\,800 = 2\,700.$$

327. Les exemples qui précèdent suffisent pour faire comprendre la méthode générale à employer pour résoudre tous les problèmes du même type.

**Méthode générale.** — *On désigne les inconnues par des lettres $x, y$ ; on indique les opérations qu'il y aurait lieu d'effectuer pour vérifier que les nombres cherchés, s'ils étaient connus, satisfont aux conditions de l'énoncé ; on trouve, pour chaque condition, deux séries d'opérations qui doivent conduire au même résultat ; en écrivant l'égalité de ces résultats, on forme une équation.*

*On a ainsi deux équations, que l'on peut supposer sans termes fractionnaires*

$$ax + by = c,$$
$$a'x + b'y = c',$$

*et dans lesquelles $a, b, c, a', b', c'$ sont des nombres donnés ; on multiplie les termes de la première par $a'$, ceux de la seconde par $a$, ce qui donne*

$$aa'x + ba'y = ca',$$
$$aa'x + b'ay = c'a.$$

*Si l'on retranche, on obtient une équation qui ne contient que l'inconnue y; on sait trouver y; si l'on remplace y par la valeur trouvée dans*

$$ax + by = c,$$

on en déduit $x$.

*Il reste à vérifier que les nombres trouvés satisfont à l'énoncé.*

**328. REMARQUE.** — Il peut arriver qu'en procédant ainsi, on ne puisse pas retrancher $b'ay$ de $ab'y$; on retranche alors les termes de la première équation des termes correspondants de la seconde.

**329. Autre procédé.** — On peut procéder d'une façon un peu différente, qui permet d'étendre la méthode au cas où il y a plus de deux inconnues.

Supposons que l'on veuille trouver les nombres $x$ et $y$, qui vérifient les équations

$$3x + y = 7,$$
$$2x + 5y = 9.$$

D'après la première relation, $y$ est la différence entre 7 et le nombre $3x$.

$$y = 7 - 3x.$$

On peut alors remplacer $y$ par $7 - 3x$ dans la seconde équation

$$2x + 5(7 - 3x) = 9,$$
$$2x + 35 - 15x = 9.$$

Si l'on réunit dans le premier membre les termes qui ne contiennent pas $x$ et dans le second membre les termes en $x$, on a

$$35 - 9 = 15x - 2x,$$

d'où

$$26 = 13x,$$

et

$$x = 2.$$

$y$ est alors égal à $7 - 3 \times 2 = 1$.

Vérification :

$$3 \times 2 + 1 = 7,$$
$$2 \times 2 + 5 = 9.$$

**330. Problème.** — *Trouver un nombre de trois chiffres sachant que la somme des chiffres est 14, que la somme des chiffres des unités et des dizaines est égale au chiffre des centaines et que le nombre retourné est inférieur au nombre donné de 396.*

Désignons par $x$ le chiffre des unités, par $y$ celui des dizaines et par $z$ celui des centaines.

1° La somme de ces chiffres étant 14, on doit vérifier l'égalité

$$x + y + z = 14.$$

2° Le chiffre des centaines étant égal à la somme des chiffres des unités et des dizaines, on a

$$z = x + y.$$

3° Le nombre donné contient $x$ unités, $y$ dizaines et $z$ centaines ; il est égal à la somme

$$x + 10y + 100z.$$

Le nombre retourné est égal à la somme

$$z + 10y + 100x,$$

et on doit avoir

$$(x + 10y + 100z) - (100x + 10y + z) = 396.$$

Si on enlève d'abord $10y$ des deux parenthèses, on a

$$(x + 100z) - (z + 100x) = 396.$$

ou

$$99z - 99x = 396.$$

On peut encore diviser tous les termes par 99 :

$$z - x = 4.$$

En résumé, on a les trois équations

$$x + y + z = 14,$$
$$z = x + y,$$
$$z - x = 4.$$

Dans la première équation, au lieu de $x + y$, on peut mettre $z$, ce qui donne

$$2z = 14;$$
$$z = 7.$$

La dernière équation donne

$$7 - x = 4,$$

ou

$$x = 7 - 4 = 3.$$

La seconde donne ensuite

$$7 = 3 + y,$$

d'où

$$y = 7 - 3 = 4.$$

Vérification : Le nombre 743 a pour somme des chiffres 14; la somme des chiffres des unités et des dizaines est $3 + 4$ ou 7, chiffre des centaines.

Le nombre renversé est 347 et la différence $743 - 347$ est bien égale à 396.


### EXERCICES ET PROBLÈMES

**1.** Trouver deux nombres dont la somme soit 95 et la différence 11.

**2.** Trouver deux nombres dont la somme soit 57 et tels que le plus grand soit égal à la somme du double du plus petit et de 3.

**3.** Trouver deux nombres dont la différence soit 462 et tels que la somme du double du plus petit et du triple du plus grand soit 2 801.

**4.** Pour $7^{Kg}$ de café et $5^{Kg}$ de thé, on a payé $132^{fr}$; pour $7^{Kg}$ de café et $11^{Kg}$ de thé de même qualité, on a payé $240^{fr}$; quel est le prix du kilog. de café et du kilog. de thé ?

**5.** Pour $4^{Kg}$ de café et $5^{Kg}$ de chocolat, on a payé $52^{fr},30$; pour

$3^{Kg}$ de café et $4^{Kg}$ de chocolat de la même qualité, on a payé $40^{fr}$,60 ; quels sont les prix du kilog. de café et du kilog. de chocolat ?

6. Trouver un nombre de deux chiffres, sachant que la somme des chiffres est 14 et que le nombre donné est inférieur à ce nombre retourné de 18 ?

7. On veut faire un alliage de $120^{gr}$ au titre de 0,9 en fondant ensemble deux alliages composés des mêmes métaux, l'un au titre de 0,92, l'autre au titre de 0,84 ; quels poids devra-t-on prendre de ces deux alliages ?

8. Un lingot d'or est au titre de 0,9 ; combien faut-il prendre de ce lingot et combien faut-il ajouter de cuivre pour obtenir un alliage de $500^{gr}$ au titre de 0,81 ?

9. Deux lingots d'argent, le premier au titre de 0,820, le second au titre de 0,9 ont des poids tels qu'en les fondant ensemble, on obtiendrait un alliage au titre de $\dfrac{77}{90}$ ; la valeur de l'argent contenu dans le premier lingot surpasse de $2^{fr}$,5 celle de l'argent contenu dans le second lingot ; quels sont les poids des deux lingots, en supposant que le gramme d'argent vaille $0^{fr}$,1 ?

10. Une somme formée de pièces de $2^{fr}$ et de pièces de $5^{fr}$ est égale à $116^{fr}$ ; le nombre total des pièces est 34 ; combien y a-t-il de pièces de chaque espèce ?

11. Combien faut-il mélanger de litres de vin à $0^{fr}$,40 le litre et de vin à $0^{fr}$,75 le litre pour obtenir 420 litres à $0^{fr}$,50 ?

12. Un capital inconnu est placé pendant 2 ans ; un autre capital est placé au même taux 4 % pendant 3 ans ; trouver ces capitaux sachant que leur somme est 55 000$^{fr}$ et que la somme des intérêts est 5 400$^{fr}$.

13. Deux capitaux sont placés, le premier à 4 % pendant 3 ans, le second à 3,50 % pendant 2 ans ; le premier surpasse le second de 25 000$^{fr}$ et la différence des intérêts est 4 500$^{fr}$ ; quels sont ces capitaux ?

14. Trouver une fraction qui devient égale à $\dfrac{17}{42}$, si l'on augmente son dénominateur de 1, et à $\dfrac{17}{41}$, si on diminue son dénominateur de 3 ?

15. Trouver une fraction qui devient égale à $\dfrac{1}{2}$, si l'on ajoute 1 à son dénominateur, et à $\dfrac{3}{5}$, si l'on ajoute 1 à son numérateur.

**16.** Trouver une fraction qui devient égale à $\frac{7}{15}$, si on ajoute 4 à son dénominateur et telle que la somme de ses termes soit 106.

**17.** Le périmètre d'un rectangle est 12m,4 ; si l'on augmente la longueur de 0m,3 et la largeur de 0m,5, la surface augmente de 2mq,75 ; quelles sont les dimensions ?

**18.** La différence entre les côtés d'un rectangle est 2m ; si l'on augmente le plus grand côté de 1m et que l'on diminue le plus petit côté de 2m, la surface diminue de 9mq ; quelles sont les dimensions ?

**19.** Trois joueurs conviennent que le perdant doublera la mise des deux autres ; ils perdent chacun une partie et se retirent en emportant chacun 128fr. Combien chacun d'eux avait-il en se mettant au jeu ?

**20.** Trouver un nombre de trois chiffres sachant que la somme des chiffres des unités et des dizaines est 11, que le chiffre des centaines est le tiers du chiffre des unités, et que la somme de tous les chiffres est 13.

**21.** Trouver un nombre de trois chiffres sachant que la somme des chiffres est 9, que le chiffre des dizaines est égal à la somme des deux autres chiffres diminuée de 1, et que le nombre est inférieur au nombre retourné de 99.

**22.** On a acheté une première fois 3Kg de café, 2Kg de thé et 5Kg de chocolat pour 62fr ; une seconde fois, on a acheté 2Kg de café, 3Kg de thé et 4Kg de chocolat pour 64fr ; quels sont les prix du kilogramme de café, de thé et de chocolat, sachant que le thé vaut deux fois plus que le café.

**23.** Deux capitaux sont placés au même taux, le premier pendant 2 ans, le second pendant 3 ans. Trouver ces capitaux et le taux auquel ils sont placés, sachant que la somme des capitaux est 50 000fr, que l'intérêt du premier est 2 160fr et l'intérêt du second 1 260fr.

**24.** On fond ensemble trois alliages aux titres 0,85, 0,9 et 0,95 ; le poids total du nouvel alliage est 6Kg, son titre est $\frac{109}{120}$ ; le poids du second alliage composant est égal à la somme des poids des deux autres. Trouver les poids des trois alliages.

**25.** Trois alliages sont aux titres de 0,8, 0,85 et 0,9 ; en fondant ensemble les deux premiers, on forme un alliage au titre de $\frac{5}{6}$ ; en fondant ensemble les deux derniers, on forme un alliage au titre de 0,88 ; le poids total des alliages primitifs étant 6Kg, quels sont les poids de chacun d'eux ?

———

# TABLE DES MATIÈRES

# LIVRE III

## SYSTÈME MÉTRIQUE

# LIVRE IV

## GRANDEURS PROPORTIONNELLES

# LIVRE V

## NOTIONS D'ALGÈBRE

# SCIENCES PHYSIQUES

*Ouvrages de M. J. Basin, professeur agrégé au Lycée de Lille.*

(Volumes 19/13cm, brochés ou cartonnés toile) :

**Physique et Chimie élémentaires** (1er Cycle, Division B) :
Physique élémentaire (classe de 4e B), vol. br. . . . . 1 fr. 50
Chimie élémentaire (classe de 4e B), vol. br. . . . 1 fr. 25
   Les deux parties réunies en un vol. cart. toile. . . . 2 fr. 50
Physique élémentaire (classe de 3e B), vol. br. . . . 1 fr. 50
Chimie élémentaire (classe de 3e B), vol. br.. . . . 1 fr. 25
   Les deux parties réunies en un vol. cart. toile. . . 2 fr. 50
Physique élémentaire (1er Cycle, 3e et 4e B réunies).
   — Vol. cart. toile. . . . . . . . . . . . 3 fr. »
Chimie élémentaire (1er Cycle, 3e et 4e B réunies).
   — Vol. cart. toile. . . . . . . . . . . . 2 fr. 25
**Physique et Chimie** (2e Cycle, Sections C et D) :
Physique (classes de Seconde C et D).
   —    (classes de Première C et D)
   —    (classes de mathématiques A et B). . *(En préparation.)*
Chimie (classes de Seconde C et D), br. 1 fr. 80; cart. 2 fr. 25
   —    (classes de Première C et D),
   —    (classes de Mathématiques A et B).. . *(En préparation.)*
**Éléments de Physique et de Chimie** (2e Cycle, Sections
   A et B) :
Éléments de Physique (cl. de Seconde A et B), vol. br. 1 fr. 60
   cart. . . . . . . . . . . . . . . 2 fr. »
Éléments de Physique (cl. de Première A et B).
   —    —    (cl. de Philos. A et B). *(En préparation.)*
Éléments de Chimie (cl. de Philosophie A et B). *(En préparation.)*

# SCIENCES NATURELLES

*Ouvrages de M. E. Caustier, professeur agrégé au Lycée de Versailles.*

(Volumes 19/13cm, cartonnés toile) :

Zoologie : Cl. de 6e A et B. — Vol. de 324 p. avec 441 gr. 2 fr. 25
Botanique : Cl. de 5e A. — Vol. de 324 p. avec 454 gr. . 2 fr. 25
Géologie : Classe de 4e A.. . . . . . . . . 1 fr. 50
Botanique et Géologie : Classe de 5e B. . . . . . 3 fr. »
Histoire naturelle appliquée : Classe de 3e B. . . . 2 fr. 25
Conférences de Géologie : Classes de Seconde A, B, C et D. 2 fr. »
Anatomie et Physiologie animales et végétales (Edition A) : Classes de
   Philosophie, Mathématiques élément., Philos. A et B et Mathém.
   A et B. — Vol. 16/11cm, 5e édition. . . . . . . 3 fr. »
Paléontologie animale (Notions de). — Vol. 16/11. . . 1 fr. »